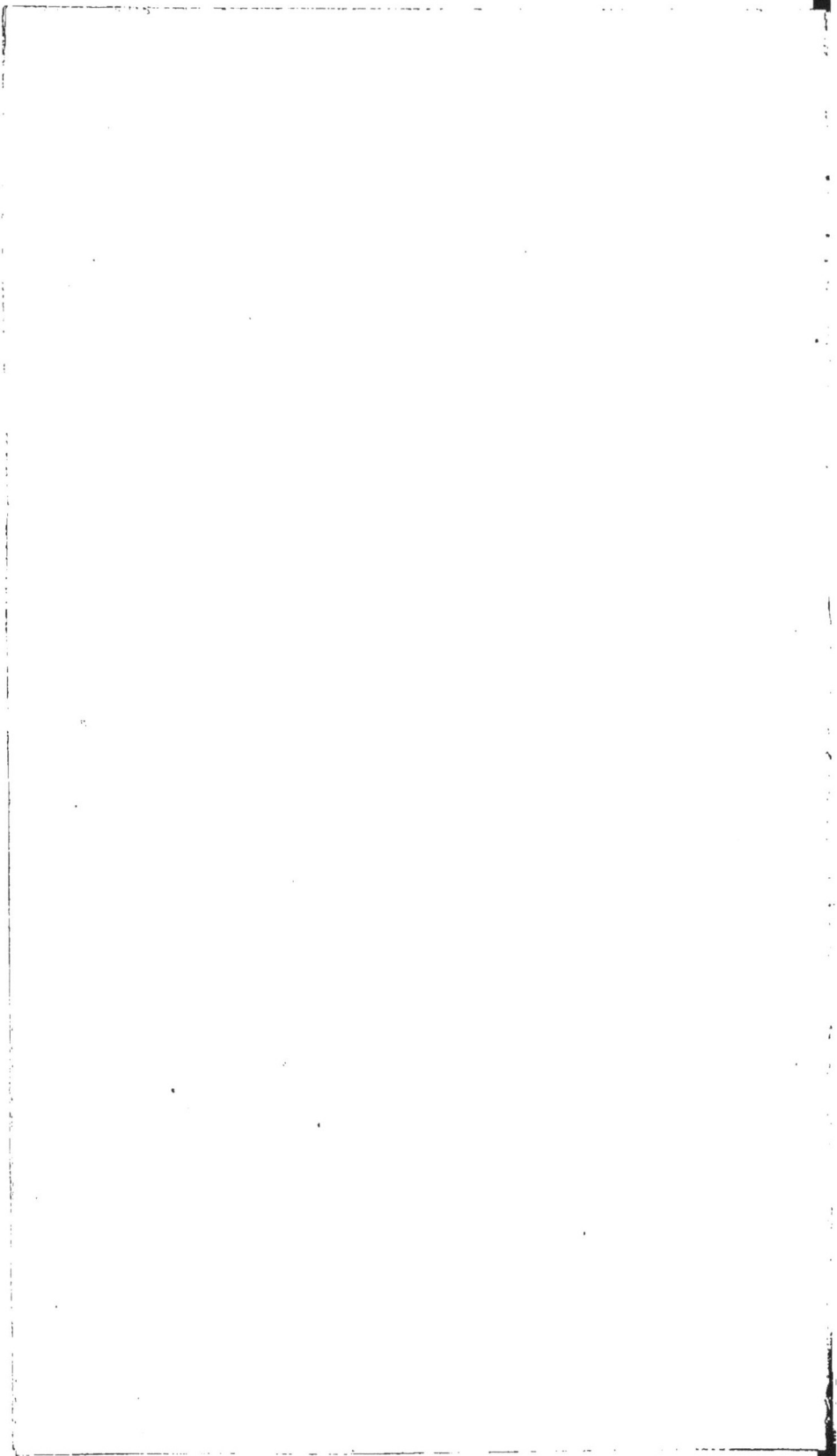

HISTOIRE

ET

DESCRIPTION

DES CHAMPIGNONS

ALIMENTAIRES ET VÉNÉNEUX

QUI CROISSENT AUX ENVIRONS DE PARIS,

PRÉCÉDÉES

DES PRINCIPES DE BOTANIQUE INDISPENSABLES A LEUR ÉTUDE,

ET SUIVIES

DE PLANCHES REPRÉSENTANT PLUS DE CENT ESPÈCES, LITHOGRAPHIÉES
ET COLORIÉES D'APRÈS NATURE,

Par J. B. L. LETELLIER,

DOCTEUR EN MÉDECINE, ÉLÈVE NATURALISTE VOYAGEUR AU JARDIN
DES PLANTES.

Nisi utile est quod facimus,
Stulta est gloria.
PHÆD. lib. 3. Fab. 17.

PARIS,

CHEZ CREVOT, LIBRAIRE,

RUE DE L'ÉCOLE DE MÉDECINE, Nº. 3, PRÈS CELLE DE LA HARPE,
ET CHEZ L'AUTEUR, RUE DES CARMES, Nº 6;

1826.

IMPRIMERIE DE A. CONIAM ,
Rue du faubourg Montmartre , n. 4.

A MONSIEUR DESFONTAINES,

MEMBRE DE L'ACADÉMIE ROYALE DES SCIENCES, PROFESSEUR DE BOTANIQUE AU MUSÉUM D'HISTOIRE NATURELLE ET A LA FACULTÉ DES SCIENCES, etc., etc.

Monsieur,

Me permettre de vous dédier cet ouvrage, c'est m'offrir l'occasion de vous témoigner ma reconnaissance. J'espère que le public recevra avec plus d'indulgence un volume à la tête duquel se trouve le nom d'un savant botaniste, qui se plaît à répandre chaque année dans un nombreux auditoire, les connaissances que lui ont acquis ses longs travaux sur la plus aimable des sciences.

VOTRE ÉLÈVE RESPECTUEUX,

LETELLIER.

St Leu le 16 nov. 1859

Monsieur

Comme je n'ai pas l'habitude de tergiverser
en affaires ce que je vous proposais par ma
lettre du 13 je le maintiens si vous l'acceptez.
pour le texte je remercie beaucoup
Mr raspail de son offre obligeante et j'accepte
ses avis pour rétablir les endroits obscurs
(bien que je n'en vois pas après avoir relu 20 fois
la même chose) mais je le supplie de considérer
que ce sont les grandes ressemblances et les
petites différences entre les champignons
vénéneux et alimentaires que je me suis efforcé
de faire ressortir (titre qui pourrait convenir encore
et non une copie de toutes
les descriptions déjà données en mots plus
ou moins pompeux mais la plus part inutile pour
le but tout nouveau que je me suis proposé, d'ailleurs en
bouleversant tout dans un grand motif on vous
fait courir dans compositions en pure perte

Dans le cas ou vous n'auriez pas voulu vous
charger de l'ouvrage il ne vous est avancé
à rien de détruire les formes puisque
vous vous priviez par là du bénéfice de la
vente que je m'engageais à laisser chez vous
étant moi même l'éditeur et pour le grattage des
pierres j'aurais eu droit de m'y opposer, tant que

le prix dont vous étiez convenu me — était
pas soldé dès m'appartenaient.

Sur le n°. du Journal de pharmacie
il me paraît étonnant qu'un auteur ne puisse
obtenir à prix d'argent un seul exemplaire
de son travail. c'est le moyen de
l'empêcher de continuer ses insertions
bénévoles. au reste ne voulant pas vous
charger d'une durée d'un journal je vous
remercie de vos démarches et je tâcherai
de l'emprunter ou de le louer quelque part
(si je connaissais le nom de son rédacteur principal
je lui écrirais un mot à ce sujet.)

Très prochainement je vous adresserai
le 3me tableau de mon histoire des champignons
(vous me demandiez le 4me dans la précédente)
avec quelques exemplaires des livraisons
que vous avez la bonté de me demander

J'ai l'honneur d'être
votre dévoué serviteur

Letellier

A Monsieur

Meilhac Libraire

Cloitre  benoit n° 10

quartier St Jacques

à Paris

Soleure le 9 Janvier 1838

Monsieur

Les Explications que vous daignez me donner m'ont fait
plaisir en me prouvant que je ne m'étais pas trompé dans
mes suppositions. voici sur quoi je les fondais sur les champignons.
Sur votre approbation du projet (approbation dont je vous suis
reconnaissant) mr meilhac avait consenti à me donner 12
exemplaires, et seulement lorsqu'il aurait récupéré ses frais,
à me donner 60 fr. pour la lithographie des pierres et
la moitié du bénéfice. mais quand j'ai eu corrigé
2 épreuves (les grandes corrections avaient pour but
d'occuper utilement le papier blanc) et livré les pierres
dessinées, il lui est venu des scrupules successifs.
1° il ne voulait plus se charger d'une édition in 4°.
2° il fallait que je convertisse mon droit aux bénéfices
éventuels en une somme fixe 3° et un certain
nombre d'exemplaires. 4° comme j'admettais le tout il
a trouvé le texte obscur [1] et il m'a dit qu'un botaniste
se chargeait d'en faire un autre. Je lui ai proposé
5° il abandonnait le tout. Je l'ai mis au pied du mur en
lui offrant un quart du bénéfice de la vente s'il
m'abandonnait la composition dont il ne voulait pas
profiter mais il prétendait tout détruire, composition et
pierres sans les payer. 6° il vous a nommé alors je l'ai
prié de recevoir vos excellents avis afin que je puisse
en profiter mais sans vous donner la peine de tout
refaire ce que je n'acceptais pas. 7° il m'a envoyé votre
manuscrit en me sommant d'y mettre mon nom
si je ne voulais pas tout perdre. Je n'ai pas jugé
à propos de mettre mon nom d'abord parce que je ne

[1] ...aux...de personne entièrement étranger à la botanique
ont parfaitement tout compris.

vouliez pas me faire gloire) de ce qui n'était pas
de moi, puis par ce qu'auteur d'une feuille typographique
il me faudra au moins 2 sans compter la composition
perdue, tous frais qui augmenteront le prix au delà
de ce que je voulais, et parce qu'il y a plusieurs points
sur lesquels nous ne serions pas d'accord.
En conséquence, pour ne pas avoir quelque plusieurs
mois de travail, et ne pas priver le public d'un
ouvrage qui peut lui être utile. J'ai tout abandonné
gloire et profits, me bornant aux 60 f pour le
dessin des figures et 15 exemplaires de mon travail
barbouillés du mot Épreuve, et laissant
l'éditeur faire comme il voudra.

Je ne serai donc en voir dans toutes ces tergiversations
qu'un remercier de libraire pour qui on a le tout
pour rien à qui n'a affligé venant d'un homme
d'honneur, bien persuadé que vous ne serviez
que d'épouvantail quoi qu'il ne désirant qu'être
utile par vos savants avis.

En publiant votre travail vous aurez j'espère
autant de droits que je pourrais m'avoir, à
un certain nombre d'exemplaires et je vous
invite à les faire valoir.

J'ai l'honneur d'être Monsieur
avec une parfaite considération
Votre tout dévoué serviteur
Letellier

Cette lettre a trait à un
travail sur les Champignons
vénéneux et comestibles, que
le Th[...] [...] m'avait
soumis

Raymond Lieu

... De Banquier ...

AVANT-PROPOS.

La botanique, ou description des caractères extérieurs et classification des champignons assez volumineux pour servir aux divers besoins de l'homme, est presqu'achevée. Les beaux travaux des Schœffer, Bulliard, Persoon, Fries, etc., ne laissent presque plus rien à faire, mais il n'en est pas de même pour l'étude du mode d'action de ces champignons sur le corps vivant.

Les anciens auteurs n'ont indiqué qu'un fort petit nombre d'espèces. Ils disaient les unes comestibles, les autres nuisibles sans autre preuve.

Bulliard, dans ses belles planches qui ont rendu tant de services pour l'étude de ces végétaux, ne donne que fort rarement des observations vagues souvent fondées sur des idées populaires.

M. Paulet est le seul, du moins en France, qui se soit occupé de recherches suivies sur cet ordre de végétaux. Il a tenté un grand nombre d'expériences curieuses ; mais la singularité de sa classification et de ses noms, jointe au défaut absolu de la synonimie de ses contemporains, rendent son ouvrage très-difficile à consulter. Ses planches, en facilitant un peu la détermination des espèces, ne sont pas à l'abri de tout reproche. L'auteur semble avoir négligé volontairement les caractères

1

importans de la surface sporulifère, et souvent on ne peut savoir à quel genre des autres auteurs on doit rapporter l'individu qu'on a sous les yeux.

Enfin un inconvénient attaché à Bulliard et à M. Paulet, est le prix excessif de leurs ouvrages.

M. Persoon, sentant ces inconvéniens, publia il y a quelques années son traité des champignons comestibles, un vol. in-8°. Cet auteur, l'un des premiers mycologistes de notre siècle, était dirigé par le désir d'être utile, et je crois qu'il est resté fort loin de son but. Plus de 120 pages sont employées à la description incomplète d'espèces fort curieuses, à la vérité, mais tout à fait inutiles, l'auteur n'offre aucun moyen d'arriver rapidement à savoir le nom des espèces qu'on a récoltées, il joint aux espèces de nos environs quelques-unes de celles qu'on trouve dans toute l'Europe ; énumération incomplète et inutile aux habitans de Paris, enfin les descriptions souvent tronquées forcent de recourir aux planches des auteurs précédents et souvent d'auteurs étrangers encore plus difficiles à se procurer.

J'ai cherché à éviter tous ces inconvéniens ; j'ai essayé sur moi-même presque toutes les espèces dont je parle, expériences que n'ont faites aucun des auteurs cités, et le petit nombre que je n'ai pu me procurer est conseillé d'après l'expérience d'auteurs recommandables.

En cherchant à éviter des défauts, ne suis-je pas tombé dans d'autres ? j'aime à le croire ; mais

je n'ose me le persuader ; les personnes qui vou-
dront bien me communiquer leurs observations
à ce sujet , peuvent être assurées que je m'effor-
cerai d'en profiter.

Il est impossible d'établir une limite précise
entre les champignons utiles ou dangereux, et ces
espèces si nombreuses, incapables de nuire ou de
servir et dont je ne dois pas parler. Aussi quelques
personnes pourront-elles trouver que j'ai trop
étendu mon cadre , tandis que d'autres regrette-
ront que je n'aie pas parlé d'un plus grand nombre
d'espèces. Sans négliger celles que je crois devoir
être signalées, j'ai cherché à ne pas trop en mul-
tiplier le nombre , dans la crainte d'égarer mes
lecteurs dans le dédale de la botanique.

Il ne me reste plus qu'à rendre compte de la
marche que j'ai suivie et de la manière dont on
doit faire usage de cet ouvrage, article que je
conseille de lire avant toute autre chose.

Dans la première partie , je décris les organes
des champignons, les noms donnés à leurs diverses
modifications, les généralités de leurs propriétés
physiques ou botaniques, chimiques, vénéneuses
et alimentaires , les différentes manières de les
récolter , de les conserver, de les apprêter. Je
termine par des tables synoptiques pour conduire
rapidement au nom de l'espèce.

Dans la seconde partie , je décris les genres et
les espèces en particulier, en ne répétant jamais
pour l'espèce ce qui a été dit de tout le genre ,

ni pour le genre, ce qui a été dit dans la première
partie de tous les champignons. Puis viennent des
tables alphabétiques des noms d'organes, des
noms botaniques et des noms vulgaires des champignons.

Je termine par des planches représentant presque toujours d'après nature ou à son défaut d'a-
près un bon auteur, toutes les espèces décrites dans
ce traité.

L'homme devant s'occuper d'abord de ce qui
peut lui être utile ou nuisible, il lui importe
beaucoup de savoir si tel être peut lui servir sans
danger, et comme nous prouverons que beaucoup de champignons peuvent être employés
pour les plaisirs du riche et surtout pour l'existence des malheureux, il est fort intéressant de
pouvoir distinguer ces végétaux de ceux qui
nuisent. Dans ce but, on a donné des caractères
distinctifs tirés de l'odeur, de la saveur, de la
consistance, de la couleur, de la forme des champignons. Dans la thèse que j'ai soutenue à la faculté de médecine de Paris, le 12 janvier 1826,
j'ai prouvé, par de nombreux exemples, que chacun des caractères, indiqués par les auteurs, est
soumis à une foule d'exceptions, et que, si on les
réunit tous sans ordre, ils sont très-compliqués et
presqu'aussi faux ; ils doivent donc être rejetés.
La chimie ne fournit non plus aucun signe ; il
faut donc chercher à savoir le nom du champignon parce qu'alors les ouvrages décrivent les

propriétés qui appartiennent à telle ou telle espèce. Entrons dans quelques détails sur les noms que portent les champignons et sur la manière de les apprendre.

Ces noms sont de deux sortes, 1° *Vulgaires*, ceux-ci varient à l'infini; tel champignon s'appelle indifféremment *Bruguet*, *ceps*, *girole*, *bolé*, *potiron*, etc.

Tandis que le nom de *ceps* se donne indistinctement à plusieurs espèces fort différentes, etc.

Cette confusion est fâcheuse car ces noms indiquent presque toujours la qualité du champignon; ainsi ceux qui se terminent par goule, boulingoule, ragoule, et les noms de ceps, morilles, tripettes, etc. s'appliquent à de bonnes espèces.

Les épithètes de FAUX, CIGUE, etc., FAUSSE oronge, oronge CIGUE, indiquent aussitôt des caractères délétères.

2°. *Botaniques.* Ceux-ci sont presqu'aussi variables. Ainsi les mots *boletus*, *jaseran*, *elvela ciceronis*, *agaricus cœsareus*, *agaricus speciosus*, *agaricus aureus*, *agaricus aurantiacus*, *amanita cœsareu*, ont été donnés au même champignon, tandis que le nom d'*agaricus fulvus* a été donné à trois champignons fort différens : je ne prends qu'un exemple entre mille.

Il faut donc, pour éviter toute erreur, joindre au nom du champignon celui de l'auteur qui l'appelle ainsi. On conçoit sans peine dans quelle funeste méprise on tomberait à chaque instant, si on n'y faisait attention.

Comme beaucoup de champignons n'ont pas reçu de noms vulgaires, nous préférerons les derniers, ayant soin d'indiquer les premiers quand il y en aura.

Depuis Linnée, tous les noms botaniques sont latins pour la commodité des savans de toutes les nations. Je les traduirai littéralement; ils sont formés de deux mots : le premier s'applique à tous les champignons qui, par leur analogie, sont rassemblés en un groupe appelé genre. Le second appartient à l'espèce en particulier.

Agaricus aurantiacus indique que le champignon est l'espèce *aurantiacus* du genre agaricus.

Boletus aurantiacus indique que c'est l'espèce *aurantiacus* du genre *boletus*.

En sorte que ces deux espèces sont bien plus différentes, quoique portant le même nom d'Aurantiacus que toute autre espèce d'agaricus de la première, ou toute espèce de boletus de la seconde.

Les noms des champignons peuvent s'apprendre par tradition.; mais le plus commode et le plus sûr est de les chercher au moyen des ouvrages. Pour cela, on devra, si on ne connaît pas la botanique, commencer par étudier, dans la première partie de cet ouvrage, la signification des noms des organes et de leurs modifications ; ce

travail préliminaire est indispensable. Maintenant
on vient de faire une récolte de champignons avec
les précautions indiquées. On réunit tous les individus qui se ressemblent, et on choisit, dans chacun de ces groupes, le champignon qui paraît le
plus régulier, et qui ressemble complètement au
plus grand nombre de ceux du même tas, afin
d'éviter ces monstruosités qui mettent en défaut
toutes les règles de la botanique. Au moyen de la
table synoptique des genres, on voit auquel il appartient, et par celle des espèces, on arrive à
son nom. Il faut faire une grande attention à tous
les caractères d'opposition. Avec ce nom, on s'assure, par la description contenue dans la deuxième
partie, si l'on ne s'est pas trompé; car la table
synoptique n'offre de distinction qu'entre les
champignons que j'ai décrits; et si on avait affaire
à une espèce qui n'y fût pas comprise, on ar-
riverait à un faux nom; mais la description détaillée avertirait de l'erreur. Enfin, en recourant
à la planche, on aura une assurance complète;
quand, par l'habitude, on saura distinguer sur
les planches, quels sont les caractères essentiels,
on pourra, pour aller plus vîte, recourir aussitôt à elles.

Donnons un exemple de cette marche, et des
erreurs que le défaut de précaution pourrait produire.

Parmi plusieurs individus assez semblables les
uns aux autres, on en a choisi un, fig. 40. Par la

table des genres, on voit aussitôt qu'il appartient à la quatrième division, surface qui porte les sporules garnies de lames ou de plis, et au genre *agaricus*, lamelles élevées, très-rarement divisées.

En recourant à la table des espèces, on voit que les restes d'une volva doivent le faire ranger dans la première section, et comme il a un collier, la volva assez visible, le chapeau blanc à bord uni, c'est l'agaricus vernus. Tous ces caractères doivent être pris en grande considération ; le premier distingue ce champignon des *vaginatus* et *niveus*, le second des cinq dernières espèces, le troisième des *aurantiacus, muscarius, asper, crux melitensis*, et le *quatrième*, de l'*oroideus*, espèce comestible, tandis que le *vernus* est un poison actif. La description détaillée dans la deuxième partie de l'ouvrage, n°. 40, et la figure coloriée étant consultées, rendent la détermination encore plus sûre. Un autre champignon, fig. 95, appartient évidemment, d'après la planche des genres, à la division ayant la surface sporulifère garnie de tubes, et comme ils sont cohérens inséparables de la chair, c'est le genre *polyporus*. Dans la table des espèces, les pores petits, le pédicule brun le chapeau lobé imbriqué, sembleraient faire croire que c'est le *boletus giganteus* ; mais la description détaillée n°. 23, est si éloignée de ce champignon, la figure est tellement différente, qu'il ne doit rester aucun doute que ce n'est pas lui ; et en effet c'est le *boletus imbricatus* que sa

consistance subéreuse rend complètement inutile,
et dont je n'ai par conséquent pas parlé.

Je suis loin de croire qu'avec ce livre on par-
vienne toujours aussi rapidement et aussi facilement à la détermination d'un champignon pris au
hasard ; avec un peu d'habitude , on y arrivera le
plus souvent ; mais il faudra quelquefois savoir
douter. Si c'est la faute de la botanique , je ne
saurais y remédier ; si c'est la faute de l'auteur,
l'indication de la correction à faire lui sera fort
agréable , et il saura en profiter.

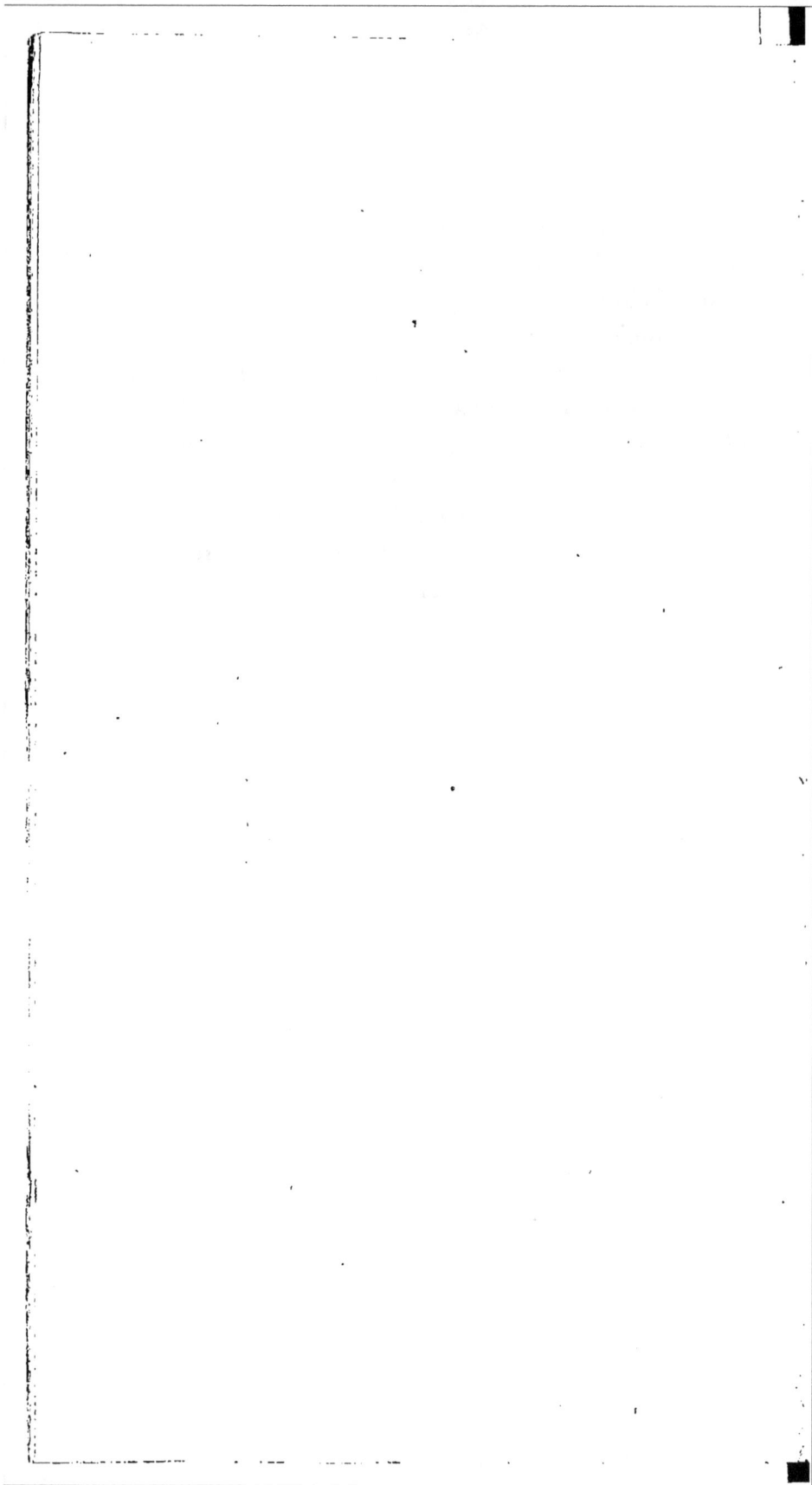

HISTOIRE

ET

DESCRIPTION DES CHAMPIGNONS

ALIMENTAIRES ET VÉNÉNEUX

QUI CROISSENT AUX ENVIRONS DE PARIS.

—————

A l'exemple de M. Persoon, je limite lè nom de champignon (hymenomyci) à des êtres organisés , végétaux ,
cotylédonés, sans feuilles, sans étamines ni pistils visibles,
formés d'un tissu cellulaire qui n'est jamais vert, et qui
supporte sur une partie de sa surface une membrane (hymenium) persistante et portant des corpuscules (sporules)
à peine visibles à l'œil nû.

Cette définition est toute scientifique et malheureusement elle ne peut pas être autrement ; on ne pourra la bien
comprendre qu'avec des notions étendues de Botanique ;
mais il suffira à la plupart de nos lecteurs de savoir que
cette définition s'applique à tout ce qu'on appele ordinairement champignon, sans y comprendre les vesses de loup
ni les truffes dont je parlerai cependant en supplément.

On appelle mycologie la partie de la Botanique qui traite
des champignons , mycologiste celui qui s'en occupe.

PROPRIÉTÉS PHYSIQUES.

Nous avons à considérer , 1° la forme , 2° la couleur , 3°
la consistance, 4° l'odeur et 5° la saveur.

1°. FORME.

Un champignon parfaitement développé peut n'être formé que d'un corps alongé simple, fig. 9, ou divisé en rameaux, fig. 10, 11, quelquefois il a la forme de mitre, fig. 3, de massue, fig. 9, de coupe, fig. 5 etc.; mais le plus souvent ces champignons offrent une partie plus ou moins applatie appelée *Chapeau*, fig. 30, qui présente deux faces dont la position varie. Elles regardent en haut et en bas, ou de côté selon que le chapeau est horizontal fig. 30 ; ou vertical, fig. 196.

L'adhérence de ce chapeau avec les corps qui supportent le champignon, comme bois, terre etc. peut avoir lieu 1° par une des deux surfaces entière, c'est le chapeau *résupiné*, fig. 196; 2° par une portion seulement de cette surface, l'autre étant recourbée, je l'appèle chapeau *semi resupiné*, fig. 197; 3° ou par le bord qui réunit ces deux surfaces, c'est le chapeau *sessile*, fig. 198; 4° enfin par l'intermédiaire d'une portion retrécie et alongée qu'on nomme pédicule, fig. 20 et 30.

Le chapeau peut avoir ses deux surfaces *unies*, ou *Glabres*, fig. 6; l'une d'elles ou toutes les deux inégales; les formes de ces inégalités sont fort importantes à considérer, surtout à la surface inférieure, et on leur a donné des noms. Quelquefois le champignon est couvert de *poils* fins épars, fig. 70; ailleurs ces poils sont rapprochés et on dit le chapeau *Pubescent*, fig. 58; quelquefois c'est d'un duvet cotonneux et on l'appelle *Tomenteux*, fig. 61; si les poils sont longs et serrés, on le dit *velu*, fig. 59; dans d'autres espèces on remarque de petites lames qui se confondent par leur partie la plus large avec l'épiderme du reste du champignon et dont elles ne paraissent être que des déchirures desséchées; ce sont les *écailles*, fig. 64.

Il est important de distinguer ces *écailles* des verrues dont nous allons bientôt parler.

Quelques Champignons portent à leur surface des éminences peu saillantes arrondies ne différant pas du reste

de la surface du Champignon, on les a nommés *Papilles*.
fig. 8. Les *Verrues* sont des saillies irrégulières formées par
les lambeaux d'une membrane ; on peut presque toujours
les enlever avec facilité de la surface du Champignon dont
elles diffèrent par leur couleur plus pâle ou même blanche,
fig. 42. Si les éminences sont fort longues et étroites, on
leur donne le nom de *Dents*, fig. 18, qui peuvent être à peu
près cylindriques, fig. 18, ou irrégulières applaties dans
un sens, fig. 100. Si ces Dents sont extrêmement longues,
on leur donne assez improprement le nom d'*Aiguillons*, fig.
14, puisque ce nom exprime des organes durs et piquants.

Un assez grand nombre de Champignons offre des saillies fort longues, peu élevées, et qui partant du pédicule
ou d'un point quelconque du chapeau, s'il est Sessile,
vont en rayonnant jusqu'à son bord, en s'attachant dans
toute leur longueur à ce chapeau ; c'est ce qu'on a appelé
Veines. fig. 35. Si avec la même distribution ces éminences
sont très élevées, quoique fort minces et ressemblent grossièrement à des lames, on les appele *lamelles* ou *feuillets*.
fig. 47.

Ces veines ou ces lamelles offrent des particularités importantes. Ordinairement elles sont droites et simples ;
mais quelquefois elles se ramifient et les rameaux qui en
résultent s'entrecroisent, se soudent et on les dit *anastomosées*, fig. 199. Elles sont d'égale longueur, fig. 69. ou dans
d'autres cas, et c'est ce qui arrive presque toujours aux lamelles, il y en a de différentes longueurs sur le Champignon, elles sont *inégales*, fig. 41, toutes vont jusqu'au bord
du chapeau, mais les unes partent du pédicule ou près de
lui, d'autres ne naissent que vers le milieu de la distance
comprise entre le pédicule et le bord du chapeau, enfin
un grand nombre ne naissent que fort près de ce bord, en
sorte qu'entre deux grandes lamelles il y en a une deux fois
plus courte, entre celle-ci et chacune des deux grandes il
y en a une quatre fois plus courte, enfin quelquefois même
dans chaque intervalle qui sépare une grande et une petite,

celle-ci et une moyenne, cette moyenne et une petite, celle-ci et la grande, il y a une lamelle à peine visible tant elle est courte, fig. 47.

Dans un seul Champignon les lamelles sont comme fendues sur le bord qui n'adhère pas au chapeau, et chaque lèvre de l'incision est recourbée en sens inverse, fig. 201. Ces veines ou ces lamelles s'attachent au chapeau par un de leur bord ; mais la manière dont elles naissent vers le milieu du chapeau fournit des caractères excellents, ce mode de naissance s'appelle *insertion*, il peut avoir lieu 1° sur le pédicule en s'amincissant en pointe et on l'appelle *décurrente* fig. 74, ou à angle droit fig. 72, ou en se recourbant en haut d'une manière régulière fig. 65., ou en se recourbant en haut et formant au moment où elle a lieu un petit crochet fig. 88. 2° Dans l'angle rentrant formé par le pédicule et la chair du chapeau, fig. 43 ; 3° Sur le chapeau à une petite distance du pédicule, fig. 42 ; 4° Sur un bourrelet qui entoure ce pédicule, fig. 71 ; dans d'autres Champignons la surface présente une multitude de petits trous fort rapprochés, fig. 34 ; et si on coupe ce chapeau verticalement, on s'aperçoit que ces trous nommés *pores* ne sont que des espèces de tuyaux serrés les uns contre les autres et qu'on a appelés *tubes*, fig. 34 b. ces tubes peuvent être facilement séparés les uns des autres, leurs parois n'étant qu'accolées sans adhérence et on les dit *libres*, fig. 20 ; ou au contraire leurs parois sont soudées, et on ne peut partager la masse formée par les tubes qu'en déchirant beaucoup de ceux-ci, fig. 30 ils sont *cohérents* et alors ils peuvent être détachés facilement de la chair du chapeau, fig. 30 c. ; ou y adhérer fortement de manière à en être *inséparables*, fig. 21.

La forme générale du chapeau est très-variable. Elle peut être *applatie*, fig. 32, ou *convexe*, fig. 31, ou même *hémisphérique*, fig. 98, *concave*, fig. 49, ou en entonnoir, *infundibuliforme*, fig. 73. Si le centre présente une petite élévation, on dit le chapeau *mamelonné*, fig. 36. Si l'élévation est plus large, on le dit *en bouclier*, fig. 66. Si, au contraire, le centre offre une dépression, on le dit *ombiliqué*, fig. 56. Le chapeau est *circulaire*, fig. 45, ou en demi-cercle, fig. 19, et on le nomme alors *dimidié*.

En considérant son bord ou *limbe*, on voit qu'il peut être *uni*, fig. 40, ou *strié*, c'est-à-dire couvert d'une multitude de lignes enfoncées, fig. 36, *entier* sans déchirures, ni échancrures, *ondulé* offrant des échancrures larges et peu profondes, fig. 43, ou profondément échancré, ce qui lui a valu le nom de *lobé*, fig. 44, chaque saillie portant celui de *lobe*. Si les lobes sont irréguliers, on le dit *déchiqueté*, fig. 22, quelquefois il est *crevassé*, parce que lors de son développement il s'est déchiré en divers points, fig. 37.

Quand plusieurs champignons croissent les uns au-dessus des autres, on les appelle *imbriqués*, fig. 23.

Le pédicule ou support médiat du chapeau a reçu des noms différens, suivant :

1°. Son insertion au chapeau. Si elle a lieu à son bord, on dit le pédicule *marginal*, fig. 46; si elle a lieu au centre d'une des faces du champignon, il est *central*, fig. 34, ou si c'est également sur une face, mais hors du centre, on le dit *excentrique*, fig. 18;

2°. Sa forme. Il est *cylindrique*, fig. 33, *tubéreux*, c'est-à-dire très-volumineux, presque sphérique, fig. 30, *bulbeux* ou renflé en bas, fig. 41 ; quelquefois il s'amincit en haut et en bas, on l'appelle alors *fusiforme*, fig. 95; ailleurs il ne s'amincit qu'en bas, fig. 98, et alors quelquefois il se termine par une pointe enfoncée en terre qu'on a appelée *racine*, fig. 91; cette partie offre, dans ce cas, des fibrilles qui traversent le sol pour fixer le champignon, et pour absorber quelques substances utiles à sa nutrition ;

3°. L'état de son axe qui est *plein*, fig. 33, ou creusé par un canal et le pédicule est dit *fistuleux*, fig. 66; mais il ne faut pas attacher une trop grande importance à ce caractère; car souvent, le pédicule qui est plein dans sa jeunesse, se ramollit au centre, et la pulpe qui résulte de ce

changement d'état, servant à l'accroissement du chapeau, laisse un canal vide au centre du pédicule. Enfin,
quelquefois il offre de larges cellules, séparées par des
lames irrégulières, il est dit *caverneux*, fig. 2.

4° Sa surface. Il est *uni* (mot que je préfère à *lisse* qui
indique du brillant) fig. 5o, ou bien il présente des lignes
longitudinales et parallèles et on l'appele *strié* fig. 7o. Si
les lignes sont séparées par de profonds sillons, on le dit
sillonné. Quelquefois ce pédicule offre des *écailles* semblables
à celles du chapeau, fig. 71; mais souvent on l'appèle
écailleux en raison d'éminences arrondies foncées en couleur, plutôt analogues à des *papilles* qu'à des écailles, fig.
34; ailleurs il est couvert de saillies qui s'entrecroisent en
circonscrivant des enfoncemens irréguliers, on l'appelle
dans ce cas *réticulé*, fig. 3o. Si ces enfoncemens sont très-
profonds, très-irréguliers, on le dit *lacuneux*, fig. 2.

6.° Ses annexes. 1.° Dans quelques champignons adultes il porte au-dessus de son milieu une membrane qui
l'entoure comme un collier ou une collerette. Si ce *collier*
est formé par une membrane ferme, on l'appelle *collet*,
fig. 64; mais s'il n'est constitué que par des fils fins imitant une toile d'araignée, on l'appelle *cortine*, fig. 69. Cette
espèce de collier adhérait, dans la jeunesse du champignon, au bord du chapeau, et cachait ainsi une de ses
surfaces. Par le développement, il s'est séparé du chapeau, et il n'adhère plus qu'au pédicule; quelquefois
même il ne lui adhère pas et il peut glisser sur lui comme
le ferait un anneau étranger, on le dit alors *libre*, fig. 71.
Cet organe fournit un caractère important, mais quelquefois très-fugace, soit parce qu'il se déchire irrégulièrement, soit parce qu'il se dessèche et disparaît. Il est donc
toujours important d'examiner, dans leur première jeunesse, les champignons qu'on en suppose pourvus.

7° Dans des cas encore plus rares la base du pédicule
est enveloppée d'une membrane déchirée en haut et appelée
volva, fig. 39; elle renfermait tout le champignon dans sa

jeunesse; mais en se développant, il l'a déchirée; si cette déchirure n'a eu lieu que tard, la membrane est bien visible sur le Champignon adulte et on l'a appelée volva *complète*, fig. 38, 39, etc.; mais si le déchirement a eu lieu de bonne heure et surtout si une portion de la volva est restée adhérente au chapeau en forme de verrues (dont nous avons donné la définition) les débris adhérents au pédicule sont à peine visibles, et on a dit la volva *incomplète*, fig. 41 et 42; il y a même des champignons qui n'en offrent plus aucune trace sur le pédicule, tel est *l'agaricus asper*, fig.43; et quand, ce qui arrive quelquefois, il n'y a pas de verrues sur le chapeau, on n'a plus rien qui puisse indiquer que le Champignon appartient à la section des amanites; ce n'est que parce que l'individu ressemble pour tout le reste à d'autres individus couverts de verrues, qu'on peut deviner à quelle espèce il appartient.

Cet organe fournit un caractère de première importance dans les agarics et les bolets, seuls genres des Champignons proprement dits, où on le rencontre.

II. COULEUR.

Elle varie beaucoup, et comme tous ses noms sont ceux du langage ordinaire, je n'en parlerai pas. Je me bornerai à faire observer qu'il serait fort utile d'attacher une idée précise aux mots couleur d'ochre, ferrugineuse, brune, etc., sur lesquels chacun a son opinion. Les figures coloriées indiqueront ce que j'entends par ces expressions, en même temps qu'elles suppléeront à ce que le discours a d'imparfait pour exprimer des nuances.

La couleur peut être considérée à la surface ou à l'intérieur du champignon. Quelquefois la couleur extérieure change avec l'âge du champignon. Le passage au noir des lamelles de quelques-uns est surtout fort important, fig. 64. La couleur intérieure change aussi quelquefois par le contact de l'air. C'est ainsi que, quand on rompt certains bolets, le blanc passe au rose ou au bleu et même au noir,

2

et le jaune au vert et quelquefois au noir, fig. 27, 32, 33.

Les rayons lumineux peuvent être arrêtés complètement par une tranche assez mince de champignon regardé
à contre-jour, et alors on dit qu'il est *opaque*; ou une partie de
ces rayons traverse, comme elle le fait à travers la cire
blanche, et alors le champignon est *translucide*, ce qui est
bien différent de la transparence, laquelle permet de
distinguer les objets à travers le corps qui en est doué.
Aucun champignon n'est transparent, beaucoup sont
translucides.

III. CONSISTANCE.

Depuis celle de la gelée tremblante, *gélatineuse*, jusqu'à la
dureté du bois, *ligneuse*, on rencontre la consistance *cériforme*
(expression fausse) ou de la cire, c'est-à-dire fragilité
assez grande jointe à de la translucidité. La consistance
charnue ou de la chair presque aussi translucide, mais
moins fragile, à raison de fibres longitudinales qui traversent le parenchyme. La consistance *fibreuse* encore plus
résistante jointe à de l'élasticité, la ténacité est alors due
à des faisceaux de fibres parallèles ou entre-croisées. La
consistance *subéreuse* ou du liége résiste à la rupture, aux
instrumens tranchans et à la scie par une grande élasticité.
La consistance *coriace* déjà moins élastique, mais plus
dure, permet à la scie d'agir.

La consistance la plus ordinaire intermédiaire aux gélatineuse et cériforme n'a pas reçu de nom. Le champignon
ne résiste ni à la rupture ni à la compression qui peut le
réduire à un petit volume ; mais le défaut d'élasticité em-
pêche le parenchyme de revenir le moins du monde vers
son premier volume.

Les champignons changent de consistance avec l'âge.
La plupart deviennent plus durs, de subéreux ils passent
au ligneux, de charnus ils deviennent coriaces, etc. Mais
quelques-uns deviennent, au contraire, plus mous, ils
se réduisent rapidement en un putrilage plus ou moins

fétide. On les appèle *déliquescents*, fig. 103, et presque toujours en même temps leur couleur passe au noir pur.

Les mots de surface *sèche* ou *visqueuse* s'entendent bien.

Quand le champignon est couvert d'une poussière blanche, on le dit *farineux*. Si la poussière est très-fine, elle
donne à la couleur un aspect particulier, analogue à celui
des fruits couverts de ce qu'on appèle leur fleur, on ajoute
alors à la couleur l'épithète de *glauque*.

IV. ODEUR.

Elle varie beaucoup, et le langage ni le dessin ne peuvent en donner une idée non plus que de la consistance et
de la saveur, il faut l'exercice des sens. Beaucoup de champignons n'ont aucune odeur, quelques-uns répandent un
parfum sans être pour cela agréables au goût; tel est l'agaric odorant, tandis que d'autres ont une odeur rebutante
sans être dangereux; beaucoup ont une odeur spéciale
dont on peut prendre une idée par celle du champignon
de couches; enfin un assez grand nombre paraît n'avoir
qu'une odeur acquise par la localité où ils croissent, ce
sont ceux qui, nés dans les lieux humides, sentent le moisi,
le bois pourri, etc.

V. SAVEUR.

Elle est fort variable, on recherche de préférence celles
de l'oronge, du champignon de couches et du mousseron;
mais des champignons peuvent les posséder et être vénéneux, tandis que d'autres assez désagréables au goût peuvent servir d'aliment, enfin un grand nombre ne possède
aucune saveur décidée, quoique pouvant fort bien servir
à la nourriture.

VI. STRUCTURE.

Nous venons de décrire ce qu'offre au premier abord
un champignon, mais si au moment où il acquiert son
dernier degré de développement, on le place sur une glace
ou sur un marbre noir, on s'aperçoit après quelques heures
que ces corps sont couverts d'une poussière extrêmement

fine, fig. 102, qui est sortie du champignon; elle a une couleur importante à noter : si on l'examine à la loupe, elle paraît formée de grains sphéroïdes, fig. 64, ou ellipsoïdes fig. 33; rarement anguleux, appelés *sporules*; on devra remarquer quelle est celle des deux surfaces du champignon qui les a fournis, au moyen de la position de cette poussière par rapport à lui, fig. 102, ou en râclant légèrement une partie de chaque surface, délayant la raclure dans de l'eau et voyant à la loupe quelle est celle qui contient les sporules, on verra alors que c'est le plus souvent, mais pas toujours, la surface qui regardait en bas dans la position naturelle du champignon, c'est cette surface qui présente aussi les la-melles, les veines, les pores, les dents, et ce sont en effet ces inégalités qui en sont couvertes, ailleurs ils sont à la surface supérieure, quelquefois sur toutes les surfaces; en examinant aussi les raclures à la loupe, on apercevra quelquefois plusieurs sporules enfermés en ligne droite dans une sorte d'étui transparent qu'on appelle *theca*, fig. 1.

La portion du champignon qui porte les sporules, peut quelquefois être séparée de la chair, c'est ce que nous avons observé pour les tubes; souvent les lamelles peuvent se dédoubler, et présentent ainsi une membrane plissée, fig. 103, mais souvent aussi on ne peut séparer cette partie. Dans tous les cas, on l'a supposée formée d'une membrane particulière, appliquée sur la chair, et qu'on a appelée *hymenium*.

Tout le reste du champignon est formé par un tissu cel-lulaire plus ou moins dense à mailles oblongues, conte-nant l'eau, les sels et les matières accidentelles, et n'of-frant, ni pores répandus sur toute leur surface pour l'ex-halation ou l'absorption, ni vaisseaux destinés à la circula-tion des liquides.

Les champignons croissent *solitaires*, c'est-à-dire éloi-gnés, épars çà et là ou rapprochés les uns des autres par *peuplades* ou même réunis par leurs pieds, par *groupes*, ou *touffes*, fig. 65.

Ils paraissent dans les lieux humides, à l'ombre des forêts, et surtout sur les gazons frais. Rarement on les voit naître dans les lieux desséchés, et jamais ils ne croissent dans l'eau.

Un terrain argilleux ou calcaire paraît être celui qui leur convient le mieux ; un sol sablonneux en offre peu, cependant, quand il est couvert des débris de-pins ou de sapins, les champignons y croissent en foule.

Beaucoup d'espèces naissent parasites sur les vieux arbres, sur les souches pourissantes, et même sur d'autres champignons altérés, et elles hâtent la décomposition de ces végétaux, en y entretenant une humidité continuelle.

Le printemps fournit peu de champignons, cependant il en est qui ne paraissent que dans cette saison, tels sont : l'agaric printannier, les morilles. Les ardeurs de l'été permettent à peine à quelques bolets de croître au milieu des bois ; depuis septembre jusqu'en novembre, les forêts sont couvertes de milliers de champignons dont les couleurs et les formes bizarres raniment un peu le tableau de la nature languissante, mais les premières gelées font périr tous ces êtres, et l'hiver n'offre partout qu'une solitude affreuse.

Chaque individu ne dure ordinairement que quelques jours, mais il est aussitôt remplacé par d'autres. Il est cependant quelques espèces qui durent tout l'automne, et même certains polypores coriaces prolongent leur existence pendant plusieurs années.

DÉVELOPPEMENT.

Après l'examen des propriétés physiques, il ne sera pas sans intérêt de jeter un coup-d'œil rapide sur le développement des champignons. Nous prendrons pour exemple le plus compliqué, parce qu'en retranchant les organes qui manquent aux autres, on aura ce qui leur arrive.

Sur le lieu où doivent se développer des champignons, on aperçoit d'abord une masse blanche, formée de fils

très-fins, irrégulièrement entremêlés, appelée blanc de
champignon et sur laquelle on a beaucoup discuté, fig. 103.
De cette masse s'élèvent de petites saillies arrondies qui
grossissent et ont la forme d'un œuf, fig. 104. Parvenues
à une certaine grosseur, elles se fendent, et on en voit
sortir une substance charnue en forme de clou, fig. 105.
Le support s'allonge, la tête s'élargit, il se détache de son
bord, fig. 106, une membrane qui reste sur le support en
forme de collet, fig. 107, et découvre la surface inférieure,
souvent garnie de feuillets qui quelquefois changent de
couleur, ils lancent au loin les sporules qu'on croit être
les graines destinées à la production de nouveau blanc de
champignon. Dès-lors le vœu de la nature est accompli ;
le champignon, devenu inutile, se flétrit, se dessèche et
est réduit en poussière, ou se corrompt et forme du
terreau qui engraisse le sol.

PROPRIÉTÉS CHIMIQUES.

Comme elles ne sont d'aucune utilité pour l'emploi des
champignons, je renvoie provisoirement à ce que j'en ai
dit dans ma thèse. Je me bornerai à rappeler que d'après
mes expériences, ces végétaux offrent deux poisons fort
différents ; l'un irritant, âcre, volatil ; l'autre fixe et formant un corps particulier bien différent de la résine et
de la substance grasse, il est narcotique comme nous
allons bientôt le voir. Quelques espèces renferment une
résine âcre et purgative fixe.

Les botanistes ont tiré les caractères qu'ils emploient
pour distinguer les espèces, de la forme, de la consistance
et de la couleur ; le degré d'importance de ces caractères
varie selon les auteurs ; cependant on s'accorde assez généralement à regarder comme de moins en moins im-
portants ;

1° Les inégalités de la surface sporulifère ; seul ordre
de caractère qui devrait servir à l'établissement des genres ;
mais on y a joint :

2º La forme générale et la consistance du champignon quand cette surfac e est lisse ;

3º L'adhérence intime ou faible des tubes avec la chair, et même

4º La forme cylindrique ou applatie des dents ;

5º L'existence ou l'absence de volva.

6º La déliquescence du chapeau ; mais on n'emploie généralement ces trois derniers que pour les sections de genre. Enfin on emploie pour les espèces

7º La présence ou l'absence d'un collet ;

8º Celle d'un pédicule ;

9º L'égalité ou l'inégalité des lamelles ;

10º La consistance de la chair ;

11º La couleur. Cet ordre varie un peu selon les genres. On y joint comme accessoires l'odeur et la saveur.

ACTION DES CHAMPIGNONS,

SUR L'ÉCONOMIE ANIMALE.

D'après leur emploi ou leur action, on pourrait partager tous les champignons en trois groupes.

1º Champignons nuisibles.

2º Champignons inutiles.

3º Champignons utiles.

La série des champignons inutiles renferme tous ceux qui, par leur petitesse ou par leur rareté, ne peuvent être employés. Je n'en parlerai pas.

1º CHAMPIGNONS NUISIBLES.

Modes d'action, symptômes, traitement.

Les champignons portés dans l'estomac peuvent nuire de diverses manières.

1º Ceux qui sont durs, coriaces, peuvent agir comme tout corps inerte résistant ; ils irritent la membrane muqueuse de l'estomac et finissent par franchir le pylore, ou sont rejetés par le vomissement sans être digérés.

2° Quand en mange les champignons crus, ou même quand, pour leur conserver leur parfum, on ne les soumet pas à une coction assez prolongée, ils résistent à l'action digestive de l'estomac par la propriété qu'a un être vivant de résister aux agents destructeurs. En effet, dans cet état ils absorbent avec avidité l'eau dans laquelle on les plonge, ils la retiennent avec force, elle semble combinée avec leur tissu, ils se gonflent, se développent, ils sont plusieurs jours à se dessécher ; quand au contraire on les a fait périr par la chaleur ou par la trituration (et ils sont encore crus), ils rendent une quantité d'eau prodigieuse par la moindre pression, ils se flétrissent promptement et se dessèchent facilement.

Quand on les mange ainsi vivants (1) ils déterminent quelques temps après des nausées augmentées par l'odeur, la saveur, la vue même du champignon qui les a produits, quelquefois des vomituritions, l'excrétion d'une salive abondante et qui paraît désagréable. Ces symptômes n'ont rien d'alarmant, ils se dissipent d'eux-mêmes en quelques heures, souvent il suffit de boire de l'eau avec un peu d'eau-de-vie ou une légère infusion de thé pour les faire cesser. S'il y a des vomituritions, on facilite les efforts de l'estomac par de l'eau tiède ; tout autre vomitif serait au moins inutile.

3° Les champignons qui renferment un suc âcre destructible par la chaleur, ou une résine fixe, sont plus dangereux. Ils déterminent une gastro-entérite aiguë plus ou moins intense caractérisée par la douleur à l'épigastre, par une soif inextinguible, souvent accompagnée d'âcreté au fond de la gorge, quelquefois par des vomissemens,

(1) Cette expression a paru et pourra paraître métaphorique; cependant elle n'a rien d'exagéré, les champignons vivent aussi bien que tous les corps organisés, et il faut bien distinguer les végétaux crus et vivans des végétaux crus et morts.

par des selles répétées, avec tenesme et même avec mélange de sang, le pouls est dur et fréquent, la chaleur de la peau âcre.

Si l'inflammation est assez violente pour déterminer la mort, on trouve à l'ouverture du cadavre la rougeur quelquefois livide de la membrane muqueuse digestive; cette couleur foncée a souvent fait croire à une gangrène qui est au moins fort rare si jamais elle a été réellement observée.

Le traitement de cette espèce d'empoisonnement est l'expulsion du champignon par l'émétique dans les premières heures après le repas; quand l'inflammation est déjà assez intense, on se garde bien de l'administrer; on se borne à l'eau fraîche ou aux liquides mucilagineux froids, administrés souvent, et en grande quantité pour éteindre la propriété âcre du champignon en même temps que pour calmer l'inflammation. Si celle-ci est violente, les sangsues sur le ventre et même les saignées peuvent être nécessaires.

Il me paraît incontestable que ces principes agissent uniquement par leur contact sur le canal digestif qu'ils enflamment.

4° Enfin quand les champignons agissent par un principe délétère indestructible par tous les agents chimiques qui précipitent les autres substances végétales, différent de la matière grasse et de la résine, c'est alors qu'ils déterminent ces symptômes effrayans rapportés par les auteurs.

D'abord l'individu est tranquille, et souvent mange pendant les premières heures. Ordinairement de dix à douze heures après l'ingestion du champignon, il éprouve des nausées, des douleurs dans tout l'abdomen, souvent des évacuations par haut et par bas; des crampes, des vertiges, des convulsions partielles ou générales; le pouls est petit, dur, serré, fréquent, quelquefois à peine sensible; les convulsions sont interrompues par du délire;

de l'assoupissement; il y a des défaillances, des sueurs froides, et la mort survient au milieu d'un profond coma ou des convulsions les plus atroces. Dans les cas moins graves, le malade se rétablit peu à peu; mais sa convalescence est longue.

L'ouverture du cadavre montre une injection de tout le système capillaire due probablement aux convulsions et à la longue agonie; quelquefois il y a ecchymoses à la peau, souvent rougeur des intestins, congestion cérébrale, injection des vaisseaux de la conjonctive.

On remarque bien un mélange d'irritation des intestins; mais les défaillances, les convulsions, le délire sont dus surtout et peut-être uniquement à l'absorption.

L'époque tardive à laquelle surviennent les premiers symptômes, leur nature, leur intensité, comparée à la faiblesse des lésions du canal digestif, semblent déjà indiquer ce mode d'action; mais il est prouvé par les convulsions qui surviennent aux animaux par la simple injection du poison dans le tissu cellulaire.

Ces symptômes se rapprochent beaucoup de ceux de l'opium, et ce qui établit encore une analogie, c'est l'ivresse avec coma ou délire furieux que se procurent les Russes selon Pallas, avec l'agaricus muscarius.

Le traitement de cette espèce d'empoisonnement varie suivant l'époque à laquelle le médecin est appelé. Dans les premières heures, il devra, s'il y a des vomissemens, les favoriser avec de l'eau tiède. S'ils n'existent pas, il les déterminera par la titillation de la luette, par l'émétique ou par tout autre vomitif; mais on ne fera pas usage du lavement de tabac que j'avais conseillé d'après M. Paulet parce que d'après les expériences de M. Guersent, avant de déterminer le vomissement, il produit souvent un narcotisme qui ne ferait qu'ajouter à la gravité des symptômes.

Si on est appelé après quatre ou cinq heures, on se

borne à débarrasser le canal intestinal par des lavemens laxatifs.

Après les évacuans, on peut donner les acides, l'eau salée, les alcoholiques, l'éther, à moins qu'il n'existe une vive inflammation.

L'augmentation des symptômes observée par M. Paulet au moyen de ces substances employées avant les évacuans, exige de nouvelles observations.

Enfin quand on est appelé si tard que l'absorption du champignon est achevée, on se borne à combattre les accidens qui ont lieu.

Il est fâcheux qu'aucune des substances essayées pour précipiter ce poison, n'ait eu cette propriété. Si on pouvait en trouver une qui la possédât, ce serait certainement l'antidote le plus sûr. A son défaut, on est obligé de recourir aux traitemens généraux des empoisonnemens par des substances qu'on ne peut neutraliser.

2° CHAMPIGNONS UTILES.

Ils servent. 1° Dans les arts comme quelques polypores pour la fabrication de l'amadou, le polypore sulfurin fournit un assez beau jaune, la tremelle mésentériforme violette, (*tremella tinctoria*, pers) donne un bistre assez beau ; 2° Dans la médecine, où leur emploi est de plus en plus borné. En effet, on avait jadis conseillé l'infusion de l'auriculaire de saule *auricularia sambuci* dans le vin contre les hydropisies et les angines, le bolet odorant *Boletus suaveolens* contre la phtisie pulmonaire ou comme aphrodisiaque ; le suc de l'agaric âcre *agaricus acris* à l'intérieur comme lithontriptique, ou à l'extérieur pour détruire les verrues ; l'agaric aux mouches *agaricus muscarius* contre la phtisie pulmonaire.

Tous ces médicamens sont regardés à juste titre comme inefficaces contre les maladies auxquelles on les opposait. On n'emploie plus que le bolet du mélèse, *boletus laricis*

qui encore est bien déchu de son antique faveur, et dont
je ne parlerai pas, puisqu'il ne se rencontre pas dans nos
environs. La chirurgie emploie encore quelquefois une
substance fort analogue à l'amadou, et qu'on appelle agaric
des chirurgiens, mais elle n'agit que comme corps com-
primant et spongieux pour coaguler le sang et former caillot
sur l'orifice des vaisseaux ouverts, sans avoir la moindre
propriété astringente. Il en est de même de la poussière
des vesses loups. On pourrait, à défaut d'autres médicamens, employer les agarics laiteux comme irritans externes
et le principe délétère comme narcotique.

3° Enfin l'usage le plus fréquent et sans contredit le plus
utile qu'on puisse faire des champignons, c'est comme aliment; ils sont tous nutritifs. Le goût qu'ont pour eux les
bêtes fauves, l'expérience de tous les peuples et surtout
des Russes, les expériences que j'ai tentées sur moi-
même, ne laissent aucun doute à cet égard. C'est la partie
que l'eau ni l'alcohol ne peuvent dissoudre qui est surtout
alimentaire; on lui a donné le nom de *fungine*. C'est elle
qui est la base du champignon, elle lui donne sa forme,
et contient dans son tissu toutes les autres substances,
les sels, et l'eau qui souvent à elle seule fait plus des
neuf dixièmes du poids total.

Mais il existe une infinité de degrés dans l'emploi de
ces végétaux; d'après la saveur, l'odeur, l'épaisseur et la
consistance de la chair, nous établirons 4 degrés de qualités.

Dans le premier se trouvent les espèces dont la digestion est si facile qu'on peut les manger crues. Elles
sont en fort petit nombre. Dans le deuxième degré sont
celles qui exigent la coction; mais qui alors sont aussi
agréables qu'utiles, surtout quand un habile cuisinier a
su relever leur goût par des préparations convenables;
3° Un beaucoup plus grand nombre peut servir avec
avantage; mais comme ces espèces n'ont rien de flatteur
pour les sens, elles sont méprisées par le Sibarite efféminé
des grandes villes, et ce dédain faisant négliger leur

étude, elles sont oubliées par l'habitant des campagnes qui pourrait les mêler à ses grossiers alimens et saurait fuir la disette lorsque , par des années humides, les grains lui manquent , tandis qu'il foule aux pieds des êtres qui pourraient les remplacer ;

4° Quelques champignons contiennent une substance âcre qui pique fortement la langue , produit sur la gorge un sentiment d'éraillement et de constriction ; mais la coction détruit ce principe et on peut alors manger les champignons qui l'offraient ; mais comme ils sont tous lourds, indigestes, on devra les négliger quand la nécessité ne forcera pas d'y recourir.

Conseillerai-je ces espèces vénéneuses dont quelques peuples se nourrissent avec la simple précaution de les faire macérer long-temps dans le vinaigre , dans l'eau salée ou dans des lessives alcalines et de rejeter les liquides qui contiennent alors tout le poison? Nous possédons un assez grand nombre de champignons non vénéneux pour hasarder nos jours par des alimens qui , trop peu macérés, auraient les plus fâcheux résultats.

Par des raisons faciles à concevoir , on doit rejeter les champignons trop petits , ceux qui ont une trop grande consistance, une odeur ou une saveur désagréables , et ceux qui renferment une résine âcre indestructible.

Je le répète, les espèces vénéneuses ne peuvent être distinguées des espèces alimentaires par un seul caractère quel qu'il soit, et quand on réunit plusieurs caractères, il est bien préférable d'employer ceux qui distinguent chaque espèce, que ces règles générales soumises à des exceptions souvent dangereuses.

RÉCOLTE.

La récolte des champignons exige quelques précautions qu'il n'est pas inutile d'indiquer. On devra les recueillir par un temps sec si on veut les conserver ; s'ils doivent être mangés aussitôt, le temps importe peu. On les prendra assez jeunes, on enlèvera le pédicule pour examiner s'il n'est pas renflé et s'il ne porte pas des débris de volva, caractère que nous verrons être très-important, et on coupera aussitôt ce pédicule pour éviter de mêler de la terre à la récolte.

PRÉPARATIONS.

Je vais décrire les diverses préparations qu'on peut faire subir aux champignons afin de n'avoir plus dans la suite qu'à nommer celles qui conviennent le mieux à chaque espèce.

Les espèces qui portent des tubes, appelés *foin* par les cuisiniers, en seront dépouillées, on supprimera le pédicule toutes les fois qu'il sera coriace, ce qui a presque toujours lieu, on enlèvera la peau qui recouvre le chapeau quand elle n'adhèrera pas beaucoup à la chair, ce qui s'appelle *éplucher.* Enfin pour la plupart des préparations suivantes, on les fera *blanchir*, ce qui consiste à les faire tremper dans de l'eau vinaigrée froide, puis à les faire passer dans de l'eau ou du vinaigre bouillant. On les essuie et on les plonge dans de l'eau froide, pour leur rendre la consistance que leur a fait perdre l'eau bouillante.

Les morilles, les helvelles, les clavaires et tous les petits champignons doivent être lavés pour les débarrasser de la terre.

On peut manger les champignons :

1°. Crus, sans aucun apprêt. Plusieurs personnes mangent ainsi quelques espèces, et j'avoue être du nombre. Il est même probable que ce goût serait bien plus général sans la défiance qu'inspirent les champignons, faute de les connaître;

2°. Crus et en salade ou à la poivrade, ce qui facilite leur digestion et réveille l'appétit;

3°. Cuits, sous la cendre, puis coupés par tranches

et roulés dans du beurre. Ce procédé est fort peu employé ; mais il convient assez bien à quelques espèces ;

4°. Cuits entiers sur le gril, après les avoir épluchés et
en garnissant leur cavité de beurre, de sel, de poivre, de
fines herbes, ou arrosés d'huile;

5°. Cuits entiers sur un plat avec les mêmes assaison-
nemens ;

6°. En fricassée de poulet. Pour cela, après les avoir
coupés par morceaux et les avoir fait blanchir, on fait
fondre du beurre dans une casserole ou dans un plat, et
on les y plonge ; on ajoute de la farine pour faire épais-
sir, on mouille avec du bouillon, on ajoute du sel, du
poivre, un bouquet de persil, quelquefois de la chapelure,
et on met une liaison de jaunes d'œuf battus avec de l'eau
ou de la crême. On peut blanchir la sauce avec du jus
de citron;

7°. Cuits dans du vin avec un bouquet de coriandre,
suivant la méthode romaine;

8°. Cuits dans du bouillon avec de l'huile, du beurre
ou de la graisse, et du lard ou du jambon, en joignant
une liaison;

9°. Au beurre roux avec des oignons;

10°. Frits dans l'huile, à la mode italienne;

11°. En beignets;

12°. En crêmes;

13°. En coulis qu'on prépare ainsi : on fait revenir les
champignons desséchés dans de l'eau tiède. On les retire,
et on fait bouillir dans l'eau des rôties de pain qu'on passe
en purée, puis on ajoute les champignons cuits à part
dans du beurre avec du sel, du poivre, des oignons, et
même des tranches de lard;

14°. Farcis;

15°. En pâtés;

16°. En ragoûts;

Enfin, on peut les mettre avec tous les autres alimens
végétaux ou animaux.

Une fois préparés, les champignons devront être promptement mangés, car ils s'altèrent très-rapidement.

CONSERVATION.

Un assez grand nombre de champignons peut être conservé pendant plus ou moins de temps.

Il y a pour cela plusieurs procédés.

Le plus simple consiste à couper en morceaux ceux qui sont trop gros, et à les enfiler tous pour les suspendre dans un grenier où l'air circule librement, ou pour les faire sécher au soleil ou dans un four, et les entasser dans des sacs qu'on visite de temps en temps pour en éloigner les insectes. Il y a des pays où les champignons ainsi desséchés forment une branche de commerce assez considérable.

Quand on veut les employer, on les fait revenir en les laissant tremper, quelques heures, dans de l'eau ou du lait.

Dans d'autres contrées, on met les champignons dans des tonneaux avec de l'eau saturée de sel, ou avec du vinaigre, du poivre et de l'ail, ou avec de l'huile.

C'est par ces macérations prolongées qu'on peut manger indistinctement toutes les espèces, même les plus vénéneuses, en rejetant le liquide ; mais les bonnes espèces perdent tout leur parfum et leur saveur. Les champignons frais sont toujours préférables aux champignons conservés ; mais ceux-ci peuvent être d'un très-grand secours dans les années de disette.

TABLEAU ANALYTIQUE

DES

CARACTÈRES DISTINCTIFS

DES CHAMPIGNONS.

1°. GENRES.

Les genres qui renferment des espèces comestibles ou vénéneuses, peuvent avoir la surface sporulifère.

1° LISSE.

n chapeau distinct, irrégulier, portant à sa surface supérieure des theca cylindriques.	HELVELLA.	I.
us de chapeau, surface supérieure concave, souvent en coupe, portant seule des theca.	PEZIZA.	II.
us de chapeau, masse gélatineuse, portant de tous côtés les sporules sans theca.	TREMELLA.	III.
us de chapeau, tiges simples ou rameuses, fermes, portant de tous côtés les sporules.	CLAVARIA.	IV.

2° GARNIE DE POINTES.

s de chapeau, une base charnue, simple ou rameuse, couverte d'aiguillons.	HERICIUM.	V.
n chapeau distinct, dents arrondies.	HYDNUM.	VI.

3° GARNIE DE TUBES QUI SONT :

olés les uns des autres et très-adhérents au chapeau, lequel est charnu.	HYPODRYS.	VII.
hérents, inséparables de la chair qui est coriace ou subéreuse, pédicule marginal.	POLYPORUS.	VIII.
hérents, faciles à séparer du chapeau, consistance charnue ou molle, pédicule central.	BOLETUS.	IX.

4° GARNIE DE VEINES, DE LAMELLES OU DE PLIS.

cines ramifiées, anastomosées.	MERULIUS.	X.
amelles élevées, très-rarement divisées ou anastomosées.	AGARICUS.	XI.
lis entrecroisés, de manière à circonscrire des aréoles larges irrégulières.	MORCHELLA.	XII.

2°. ESPÈCES.

NOTA. La première colonne de chiffres est le numéro de l'espèce; la deuxième indique sa qualité, savoir : 1 bon à manger cru; 2 très-bon cuit; 3 bon étant cuit; 4 médiocre; 5 mauvais; 6 susceptible de produire quelques accidens; 7 capable de déterminer de graves accidens ou même la mort.

I. HELVELLA.

édicule lacuneux et celluleux, chapeau adhérent par son bord au pédicule.	mitra.	1	3
édicule lacuneux et celluleux, chapeau non adhérent, couleur blanchâtre.	leucophæa.	2	3
édicule lisse et fistuleux, chapeau non adhérent, blanc ou brun.	elastica.	3	3

II. PEZIZA.

oupe brune à pédicule assez grand, et d'où partent des veines ramifiées sur la coupe.	acetabulum.	4	3
oupe orangée à pédicule très-court, lisse, coupe souvent irrégulière.	coccinea.	5	3
embrane contournée en limaçon, fauve ou brune, unie, sessile, farineuse.	cochleata.	6	4

III. TREMELLA.

Membrane très-ondulée, épaisse, unie, jaune orangée, rendue glauque par les sporules. . . . . . . *mesenterica.* 7 4
Membrane non ondulée convexe, portant des papilles, noire en dessus; unie, brune en dessous. . *glandulosa* 8 4

IV. CLAVARIA.

Tige simple en massue renversée, grande, unie, cendrée ou fauve, solitaire. . . . . *pistillaris.* 9 4
Tige très-rameuse, rameaux lisses au toucher, cylindriques, terminés en pointe, blancs. . . . . . *alba.* 10 3
Tige très-rameuse, rameaux lisses au toucher, cylindriques, terminés en pointe, jaunes. . . . . . *flava.* 11 3
Tige très-rameuse, rameaux rudes au toucher, applatis, terminés brusquement, cendrés. . . . . . *cinerea.* 12 3
Tige très-rameuse, rameaux lisses au toucher, cylindriques, terminés brusquement, violets. . . . . *amethystea.* 13 3

V. HERICIUM.

Masse charnue, divisée en rameaux, couverte d'aiguillons blanchâtres. . . . . *ramosum.* 14 3
Masse charnue, simple, irrégulière, couverte d'aiguillons courbés, blanchâtres. . . . . *caput medusæ.* 15 3
Masse charnue, simple, horizontale, couverte d'aiguillons pendants, blanchâtres. . . . . *erinaceum.* 16 3

VI. HYDNUM.

Chapeau pédiculé, entier, charnu, uni, irrégulier, blanchâtre, pédicule souvent excentrique. . . . *repandum.* 17 4
Chapeau pédiculé, entier, charnu, écailleux, irrégulier, brun, pédicule souvent excentrique. . . . . *subsquamosum.* 18 3
Chapeau pédiculé, dimidié, coriace, velu, arrondi ou en cœur, pédicule tomenteux. . . . . *auriscalpium.* 19 4

VII. HYPODRYS.

Chapeau charnu, rougeâtre, dimidié, tomenteux, pédicule gros, court, tubes jaunâtres. . . . . . . *hepaticus.* 20 3

VIII. POLYPORUS.

Pores grands, pédicule latéral, écailleux, chapeau jaunâtre, écailleux, circulaire, horizontal. . . . . *juglandis.* 21 4
Pores grands, pédicule latéral, noir, uni, chapeau blanchâtre, uni, lobé, vertical. . . . . *dissectus.* 22 4
Pores petits, pédicule excentrique, brun, uni, chapeau brun, lobé, imbriqué, recourbé horizontalement. *giganteus.* 23 4

IX. BOLETUS.

Pédicule lisse, pores jaunes, larges, chapeau du gris au roux, tomenteux, chair blanche, persistante. . *subtomentosus.* 24 3
Pédicule lisse, pores jaunes, très-larges, chapeau du gris au roux, uni, chair jaune verdissant par l'air. . *lividus.* 25 6?
Pédicule lisse, pores ferrugineux larges, chapeau brun, uni, chair jaune persistante, pédicule jaune. . *piperatus.* 26 6?
Pédicule lisse, pores blancs ou jaunes, chapeau du gris au brun, chair blanche, devenant bleue par l'air. *cyanescens.* 27 4
Pédicule tomenteux, pores blancs, puis jaunes, chapeau brun, chair blanche persistante. . . . . . *castaneus.* 28 3
Pédicule réticulé, pores roses, chapeau fauve, chair blanche, devenant rose par l'air. . . . . . . *felleus.* 29 5
Pédicule réticulé, pores jaunes très-petits, chapeau du blanc au roux, chair blanche persistante. . . . *edulis.* 30 1
Pédicule réticulé, pores jaunes petits, chapeau bronzé, chair blanche persistante. . . . . *æreus.* 31 2
Pédicule réticulé, pores vermillon, chapeau roux, chair jaunâtre, puis verte, noire. . . . . *luridus* 31 bis. 7
Pédicule réticulé, pores jaunes ou rouges, très-courts, très-petits, chapeau gris, chair blanche. . . . *tuberosus.* 32 4?
Pédicule à écailles noires, pores blancs, très-petits, chapeau fauve, chair blanche. . . . . *scaber.* 33 3
Pédicule à écailles rousses, pores blancs, très-petits, chapeau roux, chair blanche, devenant rosée. . . *aurantiacus.* 34 3

X. MERULIUS.

XI. AGARICUS.

§. I. AGARICS A VOLVA.

§. II. PAS DE VOLVA, PÉDICULE NUL OU MARGINAL.

§. III. PAS DE VOLVA, PÉDICULE NON MARGINAL, LAMELLES PRESQUE TOUTES ÉGALES.

§. IV. PAS DE VOLVA, PÉDICULE NON MARGINAL, LAMELLES INÉGALES, CHAIR RENFERMANT UN SUC OPAQUE.

§. V. PAS DE VOLVA, PÉDICULE NON MARGINAL, LAMELLES INÉGALES, PAS DE SUC, UN COLLIER.

DESCRIPTION DES GENRES ET DES ESPÈCES

EN PARTICULIER.

HELVELLE. HELVELLA. Linn.

Un chapeau abaissé de tous côtés, sinueux, lisse souvent échancré et imitant un croissant ou une mitre, uni en dessus, farineux en dessous, porte sur toute sa surface extérieure et supérieure et sur son bord des theca cylindriques. Le pédicule est central, uni ou couvert d'éminences irrégulières, fistuleux ou celluleux.

Toutes les espèces de ce genre ont une chair assez ferme cassante, sans saveur et sans odeur ; mais comme aucune n'est dangereuse, on peut en faire usage comme aliment, et elles peuvent.très bien remplacer en automne les morilles qui sont vernales.

J'indique comme plus communs et plus grands :

1° *Helvelle en mitre. Helvella mitra.* Linn.

Cette espèce dont les bords du chapeau adhèrent au pédicule, varie du noir au cendré et au blanc. Le pédicule haut d'un à deux pouces est blanchâtre, irrégulier, couvert à sa surface de lacunes irrégulières et sans ordre, et creusé de cellules larges et très anfractueuses.

On le trouve souvent dans les bois vers la fin de l'été, et en automne, sur le bord des chemins, à Vincennes, Villedavrai, St.-Germain, etc.

2° *Helvelle blanche. Helvella leucophœa.* Pers.

Bulliard la confondait avec la précédente, mais M. Persoon l'en a distinguée en raison du bord de son chapeau qui n'adhère nullement au pédicule, elle est en outre d'une plus grande taille, elle peut acquérir jusqu'à quatre ou cinq pouces de hauteur. Elle est blanche, mais par l'âge elle devient grise ; du reste elle a comme la *mitra* le pédicule lacuneux et caverneux.

On trouve assez souvent dans les bois cette espèce qui porte le nom de Morille de Moine.

3

3° *Helvelle élastique. Helvella elastica*. **Bull.**

L'élasticité par laquelle se roulent les bords du pédicule quand on l'a fendu en deux dans toute sa longueur, est bien moins un caractère que la vacuité complète du pédicule, et sa surface unie, il est d'un blanc glauque, et le chapeau varie du blanc au brun. Le bord n'adhère pas au pédicule.

Moins commune que les précédentes, elles croît en été et en automne sur les gazons des bois, à St.-Maur, etc.

PÉZIZE. PEZIZA. Linn.

Champignons d'abord fermés en forme de grelot puis ouverts en une coupe régulière ou irrégulière, sessile ou pédiculée portant dans sa cavité des theca, qui renferment six à huit sporules, quelquefois la coupe s'ouvre jusqu'à devenir convexe en dessus, de concave qu'elle était d'abord.

Ce genre qui renferme plus de 300 espèces la plupart fort curieuses, toutes incapables de nuire, offre à peine quelques individus utiles, en effet : 1° les pezizes coriaces ne peuvent servir à rien. 2° Les pezizes charnues sont trop petites ou trop rares. 3° Parmi les pezizes qui ont la consistance de la cire, on doit placer au premier rang la

4° *Pézize en coupe. Peziza acetabulum*. **Linn.**

Cette espèce qui acquiert quelquefois plus de deux pouces de diamêtre, forme une coupe profonde fauve puis brune, dont la surface externe est relevée de veines rameuses partant d'un pédicule court, gros, glabre, haut d'un demi-pouce, et sillonné suivant sa longueur.

Cette espèce assez rare croît au printems et en automne dans les endroits humides, au bois de Boulogne, à Versailles ; etc., elle n'a n'y goût ni odeur.

5° *Pézize orangée. Peziza coccinea*. **Bull.**

Cette admirable espèce est facile à reconnaître à la couleur orangée vive qui décore l'intérieur de sa coupe, tandis que l'extérieur est d'un jaune sale et farineux. D'abord régulière, elle se déforme en grandissant, et acquiert jusqu'à deux pouces de large ; elle ressemble alors à une cuvette peu concave, elle est presque sessile.

On la voit souvent en automne dans presque tous les bois, sur les gazons, autour des buissons. Comme la précédente, elle ne m'a paru avoir ni saveur, ni odeur prononcées.

6°. *Pézize en limaçon. Peziza cochleata.* Bull.

Variable en grandeur et en forme, elle peut avoir de un à quatre pouces de largeur. Privée de pédicule, elle est formée par une membrane jaune ou brunâtre, roulée à ses deux extrémités en spirale, farineuse en dehors.

Ce champignon, singulier par les jets instantanés au moyen desquels il projette ses sporules, croît par groupes dans les endroits humides et sombres, à Vincennes, Versailles, etc. Il a souvent une odeur désagréable de pourri ; mais il ne contient rien de malfaisant, et on le mange, dit-on, dans beaucoup de pays.

TRÉMELLE. TREMELLA. Bull.

Ce genre est formé d'espèces d'une consistance gélatineuse, translucides, de forme irrégulière, variable, souvent sessiles ; glabres revêtues de tous côtés par un hymenium mince qui porte les sporules non enfermés dans des theca.

Aucune espèce ne jouit de propriétés délétères, et presque toutes peuvent offrir un aliment très-mucilagineux ; mais nous ne parlerons que des deux espèces les plus communes ; elles sont rangées dans un des sous-genres que M. Persoon a établis d'après la forme générale ; c'est le *gyraria* qui a pour caractère d'être formé par une membrane ondulée, plissée, ne renfermant pas à son centre de noyau compacte.

7.° *Trémelle mésentérique. Tremella mesenterica.* Pers.

Une membrane large d'un à deux pouces, d'un jaune orangé, est ondulée de manière à imiter grossièrement une fraise de veau. Toute sa surface est couverte de sporules qui forment une poussière glauque.

On la rencontre partout sur les vieux bois, en hiver, au printemps. Lorsque la saison est pluvieuse, elle acquiert de grandes dimensions. Les chantiers en offrent une quantité prodigieuse. Elle n'a ni mauvais goût, ni odeur, et peut servir avec avantage aux personnes que des aliments ucilagineux ne rebutent pas.

8.° *Trémelle glanduleuse. Tremella glandulosa.* **Bull.**

Beaucoup moins ondulée que la précédente, elle n'est formée le plus souvent que par une membrane convexe, épaisse, noire, offrant, à sa surface supérieure, des papilles coniques, et à sa surface inférieure, quelques villosités. D'abord orbiculaire, elle s'étend, devient irrégulière, et acquiert plusieurs pouces d'étendue; sa chair est cendrée, et se dessèche facilement en une lame cassante.

Les papilles, la différence des deux surfaces, l'absence des sporules à l'inférieure, et des rudimens de theca éloignent beaucoup cette espèce de la précédente : aussi Fries l'a-t-il rangée dans son genre *exidium.*

On la trouve sur toutes les vieilles branches tombées à terre en automne. Malgré son aspect peu agréable, je crois qu'en raison de son volume et de son abondance, on pourrait l'employer. Je me suis assuré qu'elle n'a pas de mauvais goût.

CLAVAIRE. CLAVARIA. Linn.

Les clavaires sont bien faciles à distinguer de tous les autres genres par leur consistance toujours charnue, un peu cassante : par leur forme qui approche de celle d'un cylindre, soit pour la totalité du champignon quand il est simple, soit pour chacune de ses nombreuses divisions quand il est rameux. L'hymenium soudé avec la chair est lisse, et couvert de toutes parts de theca fort petits, laissant sortir lentement les sporules qui sont blancs ou couleur d'ocre. Dans la plupart des espèces, l'hymenium revêt toute la surface du champignon, mais dans deux sections dont nous ne parlerons pas, la partie inférieure n'en étant pas recouverte, diffère de la partie supérieure, et forme une sorte de pédicule.

Dans les espèces non pédiculées, les unes sont simples, les autres divisées en branches qui se subdivisent irrégulièrement en rameaux.

On ne connaît aucune mauvaise espèce; et cependant le nombre de celles qu'on emploie est fort limité, probablement en raison de la rareté des autres.

§. I. ESPÈCES SIMPLES.

Le nombre en est assez grand, et on peut les employer presque toutes. Je ne décrirai en particulier que la suivante.

9.° *Clavaire pistillaire. Clavaria pistillaris.* Linn.

C'est la plus grande clavaire. Elle est d'abord à peu près cylindrique; mais bientôt elle prend la forme d'une massue dont la grosse extrémité serait en haut. Solitaire, glabre, d'un cendré jaunâtre, puis brune, enfin plissée et déchirée au sommet, quelquefois d'une manière régulière; elle acquiert jusqu'à quatre ou cinq pouces de hauteur, sur un ou deux de largeur. Sa chair blanche et molle est un peu filandreuse.

Cette espèce assez rare se trouve sur les terrains calcaires ou sablonneux, à St.-Germain, Fontainebleau; plus tendre que les autres espèces du même genre, elle est amère; mais je n'ai pas trouvé cette amertume insupportable; et je crois qu'en raison de son volume, on doit la noter parmi les champignons alimentaires.

(42)

§. II. ESPÈCES DIVISÉES EN RAMEAUX.

10°. *Clavaire blanche. Clavaria alba.* **Pers.**

Elle présente des tiges grêles, ou au contraire assez volumineuses, isolées ou le plus souvent rassemblées en touffes qui peuvent couvrir plusieurs pouces de terrain. Ces tiges se divisent et se subdivisent irrégulièrement en branches ou rameaux droits ou flexueux qui se terminent en pointe. Tout le champignon est blanc, et dépasse rarement trois pouces de haut.

11°. *Clavaire jaune. Clavaria flava.* **Pers.**

Même forme, même taille que la précédente, mais les tiges sont beaucoup plus volumineuses, d'un jaune pâle, et les rameaux, tous d'un jaune vif, s'élèvent à peu près à la même hauteur.

12°. *Clavaire cendrée. Clavaria cinerea.* **Bull.**

Un faisceau volumineux de tiges applaties et soudées ensemble, donne naissance à des rameaux cendrés, rudes au toucher, comprimés, plus gros que le tronc qui les fournit. Ils se terminent brusquement au sommet sans s'amincir en pointe.

13°. *Clavaire améthyste. Clavaria amethystea.* **Bull.**

Tout le champignon a une teinte violette, quelquefois très-brillante, souvent mêlée de jaune, de brun, et même de noir. De nombreux rameaux cylindriques naissent de tiges minces, et se terminent tout à coup sans s'amincir, ce qui, joint à une petite taille puisqu'elle n'a guère que deux pouces, la distingue facilement de quelques variétés de clavaire blanche à base violette.

Ces quatre espèces qu'on a souvent confondues ensemble sous le nom de *clavaria coralloides*, jouissent des mêmes propriétés, translucides, fragiles, fiffes, elles possèdent à peine une faible odeur, leur saveur est nulle.

Elles croissent dans les bois humides, sur la terre et sous les monceaux de feuilles. La première paraît la plus commune, et la dernière, qui est la plus rare, est aussi la plus estimée. On les recherche dans les campagnes où on les connaît sous les noms de *barbe de chèvre*, *chevelures*, *gallinalle*, *poule*, *mainotte*, *buisson*, etc., et on les distingue par leur couleur. On les prépare, après les avoir lavées, avec du beurre, de la farine, du bouillon, et une liaison.

HÉRISSON. HERICIUM. **Pers.**

Ce genre formé par le démembrement de *l'hydnum* des anciens auteurs, n'est pas admis par beaucoup de mycologistes, cependant il est utile comme servant de passage de celui-ci aux *clavaria*.

Son caractère est d'être formé d'une masse charnue, irrégulière, simple ou rameuse, n'offrant pas la forme déprimée d'un chapeau, et portant de tous côtés de nombreux aiguillons, ordinairement sans pédicule.

Peu nombreux en espèces, il n'en présente aucune malfaisante.

Parmi celles qui ont la base charnue divisée en rameaux *merisma genuina* fries, nous n'en possédons qu'une, c'est le

14°. *Hérisson rameux. Hericium ramosum.* Bull. (1)

Ce champignon, qui, dans sa jeunesse, ressemble à un chou-fleur, se développe bientôt et est alors formé d'une base charnue qui se divise en un grand nombre de rameaux blanchâtres, hérissés à leur partie inférieure d'une multitude d'aiguillons flexueux, et terminés en pointe. Cette espèce fort rare a été trouvée, dit-on, par M. Thuillier, au

(1) Le nom spécifique appartient seul à Bulliard qui l'avait rangé dans le genre hydnum. Je n'ai pas pris la dénomination hericium coralloides de peur que par le défaut de synonimie on ne croye au premier abord qu'il s'agit du clavaria coralloides des auteurs anciens.

bois de Boulogne. Elle croît sur les vieux chênes, les hêtres et les sapins. Elle peut fort bien servir de nourriture, elle possède les mêmes propriétés que les clavaires rameuses.

Parmi les espèces dont la base charnue est simple, nous avons,

15° *Herisson tête de Méduse. Hericium caput Medusæ.* **Pers.**

Souvent d'un grand volume, sa base donne naissance à des aiguillons longs serrés en touffe, grêles d'abord dirigés en haut, puis pendants ondulés. Toute sa surface est d'un blanc jaunâtre.

Presqu'aussi rare que le précédent, il croît sur le bois mort, et fournit une chair abondante.

16° *Hérisson couvert d'aiguillons. Hericium erinaceum.* **Pers.**

Cette espèce dont le nom offre un singulier pléonasme, est formée d'une masse charnue de un à plusieurs pouces de largeur et d'épaisseur, sessile ou portée par une sorte de pédicule alongé, et portant sur toute sa surface une multitude de longs aiguillons pendants serrés les uns contre les autres, les supérieurs sont très courts. Toute la plante est blanchâtre.

On la rencontre assez fréquemment sur les chênes vivants; à St. Germain, Fontainebleau, sa base est un peu cotonneuse; mais elle peut fort bien servir d'aliment, surtout si on en relève le goût par des assaisonnements.

HYDNE. HYDNUM. Linn.

Ce genre ainsi simplifié ne renferme plus que des espèces pourvues d'un véritable chapeau, rarement gélatineux, souvent charnu ou coriace, presque toujours irrégulier, les dents sont arrondies séparées les unes des autres jusqu'à leur base et placées seulement à la surface inférieure du chapeau, où elles adhèrent intimement. Un grand nombre d'espèces s'y trouvent comprises, et quoiqu'aucune ne soit dangereuse, on n'en emploie qu'un très petit nombre ; nous nous bornerons à trois.

17° *Hydne sinué. Hydnum repandum.* Linn.

Champignon croissant par groupes ou solitaire , offrant un chapeau de deux à six pouces de largeur, glabre irrégulier d'un blanc nuancé de jaune et de rose, pédicule central ou le plus souvent excentrique, gros, court, lisse , dents inégales blanches.

Cette espèce fort commune sur la terre, dans les gazons des bois, offre une chair blanche un peu ferme, sèche, cassante , sans odeur , mais d'un goût acidulé assez désagréable , qui pique la langue et le gosier. Cependant , la cuisson détruisant cette saveur en exalant une odeur un peu stupéfiante, elle est fort recherchée par quelques habitants de la campagne qui la connaissent sous le nom de *rignoche*, *eurchon*, *pied de mouton blanc*; c'est la *chevrotine chamois* de M. Paulet. On la mange sur le gril ou cuite avec de la graisse et du bouillon.

18° *Hydne écailleux. Hydnum subsquamosum.* Fries.

Cette espèce , ordinairement plus grande que la précédente, est facile à reconnaître par son chapeau charnu, convexe, irrégulier, brun, couvert d'écailles plus foncées et petites, le pédicule est gros , court, recouvert d'un épiderme fendillé ; les dents longues, égales, arrondies sont blanches ou rousses.

Bien moins commune que la précédente, on la trouve sous les arbres verds. Elle peut être employée au même usage et de la même manière , et on la distingue par les noms de *grande chevrette* ou *chevrotine écailleuse*.

19° *Hydne des cônes. Hydnum auriscalpium.* Linn.

Petit champignon dont le pédicule cylindrique tomenteux , long de deux à trois pouces, grèle, noirâtre est inseré au bord d'un chapeau en demi cercle puis échancré en lobes arrondies, horizontal, brun, couvert en dessus d'un duvet serré et court. Quelquefois le pédicule se partage en deux rameaux dont chacun porte un chapeau.

La chair est coriace subéreuse ; cependant suivant M. Decandolle, les habitans de la Toscane le mangent avec plaisir. Il n'est pas rare dans les bois d'arbres verts, on ne le trouve jamais que sur les cônes de pins tombées à terre, à Boulogne, Fontainebleau, etc. Le caractère tiré de sa localité m'a fait préférer le nom français que je lui ai donné à celui de cure-oreille, qui serait la traduction du mot latin

HYPODRYS. Solen.

On l'a souvent confondu avec les bolets et Bulliard lui-même ne l'a isolé sous le nom de *fistulina*, que long-tems après l'avoir figuré parmi les bolets.

Jusqu'alors on ne connaît qu'une seule espèce dans ce genre dont le caractère est facile à saisir, c'est d'avoir à la surface inférieure de son chapeau des tubes isolés les uns des autres, et fort adhérents à la chair, voilà le seul qui doive appartenir au genre, tous les autres caractères sont ceux de l'espèce

20° *Hypodrys foie. Hypodrys hepaticus*. Pers.

Un chapeau large de plusieurs pouces, rouge brun en dessus, arrondi ou irrégulier, divisé en lobes, est attaché par le côté immédiatement ou à l'aide d'un pédicule gros et fort court, la surface inférieure est jaunâtre, la consistance charnue, on voit assez souvent un même pédicule supporter plusieurs chapeaux.

Sa chair est rougeâtre et traversée par une multitude de faisceaux de fibres bruns, qui du pédicule vont en rayonnant de tous côtés et se recourbent vers la surface inférieure ; cette chair est assez molle, demi-transparente, on l'a comparée à juste titre avec un morceau de foie, elle est pesante.

Ce champignon, assez commun dans nos environs, ne croît que sur le tronc des chênes ou sur leurs souches, rarement sur les hêtres ou les châtaigners, on le trouve en automne à Boulogne, Vincennes, St.-Germain, etc. Son volume, sa consistance de betterave cuite, sa fréquence, son goût, tout porte à en faire usage; en effet, quand on en mange modérément, il n'incommode jamais; cependant il possède quelquefois un goût acide tellement prononcé, que j'avoue avoir été rebuté plusieurs fois en le mangeant sans correctif; on le prend avant son dépérissement, car alors il est trop fibreux et la surface est visqueuse; on le mange cuit sous la cendre, en salade, ou avec une liaison ou en fricassée de poulet. M. Paulet avertit de ne pas employer le vinaigre qui gâte la sauce, mais il faut un assaisonnement piquant. On le connaît sous les noms vulgaires de langue de Chêne, foie de Bœuf.

POLYPORE. POLYPORUS. Mich.

Autre démembrement naturel du genre *boletus* de Linnée. Il offre pour caractère essentiel d'avoir des tubes réunis les uns aux autres, et fortement adhérents au chapeau.

Toutes les espèces en sont subéreuses, coriaces et même ligneuses; aussi très-peu sont employées. La plupart, lourdes, indigestes, elles possèdent presque toujours une odeur désagréable. Aussi ne devra-t-on les employer qu'au défaut de tout autre aliment. Quelques-unes contiennent une résine, et, prises sans précaution, elles déterminent des coliques et des selles abondantes. Sur près de deux cents espèces que contient ce genre je me bornerai à indiquer les suivantes.

21°. *Polypore du noyer. Polyporus juglandis.* Pers.

Tubes larges, anguleux, courts, puis jaunâtres, chapeau fauve, large de plusieurs pouces à un pied et demi, couvert d'écailles brunes ou noires, arrondi, porté par un pédicule horizontal, court, épais, qui, presque central à la naissance du champignon, devient promptement marginal, et qui est noir et uni, ou hérissé d'écailles noirâtres. La chair en est blanche, presque subéreuse.

Ce champignon n'est pas rare sur les arbres, surtout sur le noyer. Il croît à une grande hauteur de l'arbre, seul ou le plus souvent en groupes imbriqués.

Son odeur désagréable et stupéfiante a failli asphyxier Bulliard, sa saveur est salée. On le mange pourtant dans quelques campagnes où il est connu sous les noms de *langou, oreille de noyer, miellin*. Sa dessication facile pourrait faire espérer de le conserver pour le besoin; mais il n'est pas de champignon qui soit plus facilement infesté par les larves, et presque toujours, en quelques mois, il est complètement détruit.

22°. *Polypore déchiqueté. Polyporus dissectus.*

Je décris sous ce nom un champignon que je ne vois figuré nulle part. On pourrait, au premier abord, le regarder comme une variété du précédent; mais plusieurs caractères l'en éloignent.

Comme dans le polypore du noyer, les tubes sont larges, anguleux, fort courts, jaunâtres; le chapeau est fauve, le pédicule marginal gros et court, noir; mais le chapeau est dirigé presque verticalement ainsi que le pédicule; il est très-mince surtout vers les bords qui sont irrégulièrement déchirés en lobes anguleux étroits, il ne porte pas d'écailles à sa surface sans pores. Ces derniers caractères le rapprochent du polypore suivant.

Plusieurs champignons réunis par le pied forment des touffes de plus d'un pied de large sur presqu'autant de hauteur, posées sur les vieilles souches. Cette belle espèce qui m'a été rapportée de Montmorency par mon ami le docteur Barré, a l'odeur et la saveur de l'oreille de noyer, il se dessèche et se conserve bien; mais il est aussi lourd et aussi indigeste.

23°. *Polypore gigantesque. Polyporus giganteus.* Fri.

`Plusieurs chapeaux imbriqués, irréguliers, presque verticaux, larges, à bords recourbés horizontalement, échancrés en lobes arrondis, bruns, marqués de zônes un peu plus foncées, ou parsemés de touffes cotonneuses, sont supportés par des pédicules marginaux, courts, épais, verticaux ou horizontaux, souvent écailleux. Les pores sont petits et blanchâtres; sa chair est fibreuse, peu cassante.

On le trouve en été au pied des arbres, ou sur les souches pourissantes. Il forme des touffes peu élevées, mais souvent de un à deux pieds de large; son odeur est acide; mais la moindre consistance de sa chair doit le faire préférer aux précédens.

BOLET. BOLETUS. Linn.

Il ne reste maintenant dans ce genre que les espèces qui ont les tubes adhérens entre eux; mais faciles à détacher de la chair. Ainsi limité, il est fort naturel : en effet, toutes les espèces qu'il renferme ont de l'analogie pour la forme, les chapeaux sont horizontaux, ont une chair épaisse, peu consistante; les pédicules sont centraux, pleins, plus fermes, les sporules sont très-souvent ellipsoïdes. La même analogie n'a pas lieu pour les propriétés; c'est le premier genre qui nous offre des individus très-dangereux; mais il reste encore beaucoup d'expériences à faire pour affirmer ou pour détruire ce que les auteurs ont dit à ce sujet.

Ils ont conseillé de se méfier des bolets à collet, de ceux qui sont poivrés ou qui changent de couleur quand on les coupe. Pour les premiers, nous n'avons pu rien vérifier à cause de leur rareté, et nous n'en parlerons pas; mais pour les autres nous exposerons nos doutes à l'examen de chaque espèce.

Autant le genre est naturel, autant les espèces sont

artificielles ; ce sont presque toujours des coupes arbitraires indiquées entre des individus qui passent des uns aux autres par mille nuances, et c'est ce qui nous serait facile de prouver si nous ne craignions qu'une discussion purement botanique ne nous éloignât de notre but principal.

24°. *Bolet cotonneux. Boletus subtomentosus.* Pers.

Son chapeau est sec, roux gris ou bronzé, tomenteux et souvent gercé, convexe, le pédicule est central, mince, rougeâtre, uni, solide, les tubes sont jaunes, larges inégaux, et la chair blanche ou jaunâtre, passe quelquefois au bleuâtre ou au rosé par le contact de l'air. Malgré cela il est comestible, sa consistance est moyenne, et il n'a jamais incommodé. Il est assez commun sur la terre, dans les bois en automne.

On le prépare à la sauce blanche, en fricassée de poulet.

25° *Bolet livide. Boletus lividus.* Bull.

Chapeau glabre de deux à quatre pouces, convexe, puis plane et même déprimé au centre, variant du cendré au roux, tubes jaunes décurrens sur le pédicule qui est uni, long de deux à trois pouces, un peu rétréci du bas, chair jaune passant au verd par le contact de l'air.

Ce champignon, qui n'est pas rare en automne dans nos bois, inspire la défiance en raison de son changement de couleur. Ne possédant aucune expérience positive contre cette assertion, je la laisse subsister.

26° *Bolet poivré. Boletus piperatus.* Bull.

Chapeau glabre brunâtre, bombé, puis plane de un à trois pouces, pâle, assez petit. Pédicule grêle, long de un à deux pouces au plus, cylindrique, jaune à sa base et dans son intérieur, central, uni. Tubes toujours d'un rouge sale, larges, un peu décurrents sur le pédicule, chair jaune ne changeant pas de couleur.

On le trouve communément en automne dans les forêts;
sa saveur piquante l'a fait regarder comme vénéneux, ce
qui est fort douteux. Cette saveur paraît due à un suc
propre jaunâtre, peu abondant.

27° *Bolet bleuissant. Boletus cyanescens.* **Bull.**

Comme dans tous les précédens, le pédicule est uni, mais
tubéreux, le chapeau est gris-brun, tomenteux, large de
deux à cinq pouces; ses tubes sont blancs ou citrins, et
la chair assez solide, passe rapidement du blanc pur au
bleu d'azur. On le trouve assez souvent au commencement
de l'automne sur les gazons des bois. Le changement de
couleur de sa chair l'a fait regarder comme dangereux.
Cette opinion est fort douteuse, et plusieurs personnes
assurent en avoir mangé sans inconvénient; moi-même
j'en ai souvent avalé des fragmens, mais pas en quantité
assez considérable pour pouvoir assurer qu'il est tout-à-fait
inerte.

28° *Bolet châtain. Boletus castaneus.* **Bull.**

Ce champignon assez petit, puisque son diamètre dépasse rarement trois pouces, a un pédicule de la même
hauteur, aminci en haut et à peine revêtu d'un léger duvet, couleur de châtaigne, ainsi que le chapeau qui d'hémisphérique devient presque plane. Les tubes d'abord
blancs jaunissent avec le temps; la chair toujours blanche
ne change pas de couleur par le contact de l'air.

On le trouve vers la fin de l'été, solitaire sur les gazons
autour des buissons, et il peut servir d'aliment; son goût
est assez agréable. On le prépare comme le bolet cotonneux.

29° *Bolet amer, Boletus felleus.* **Bull.**

Un pédicule réticulé, long de 3 à 4 pouces, renflé vers son
milieu châtain ou fauve, supporte un chapeau de même
couleur, convexe, puis plane, sec, large de 3 à 4 pouces.

Les tubes sont assez larges, anguleux, d'un blanc rosé, et la chair offrant peu de consistance devient rose par l'air.

Cette espèce n'est pas très-commune, on la rencontre vers le fin de l'été dans les bois. Sa saveur amère doit la faire rejeter, mais elle ne contient, au reste, aucun principe délétère.

30° *Bolet comestible*, *Boletus edulis*. Bull.

Comme le précédent et les trois suivants, il a un pédicule réticulé, compacte, tubéreux et court ou presque cylindrique, et pouvant acquérir jusqu'à 5 pouces de hauteur, d'un roux pâle. Le chapeau qui peut avoir plus de 6 pouces de diamètre, est convexe, puis presque plane, variant du blanc au châtain et au fauve, lisse. Les pores, d'abord blancs, très-petits, passent très-rapidement au jaune, et la chair d'un blanc persistant est légère et un peu molle.

Les prairies nous offrent souvent vers la fin de l'été cette espèce dont les individus sont dispersés çà et là ou réunis par peuplades plus ou moins nombreuses. L'une des plus grandes du genre, elle est aussi une des meilleures pour la nourriture. Sa saveur est douceâtre, et elle est si facile à digérer qu'on peut la manger crue ou à la poivrade, ce que j'ai souvent fait ; mais pour être agréable, elle a besoin d'un assaisonnement bien préparé. Elle est fort bonne en fricassée de poulet, en coulis, en beignets, en crèmes, ou cuite sur le gril avec du beurre, du sel et des fines herbes. On la connaît sous les noms de *Ceps*, *Gyrole*, *Bruguet*, et surtout de *Potiron*. Les vaches en sont très-friandes.

31°. *Bolet bronzé*, *Boletus æreus*. Bull.

Avec pédicule semblable à celui du précédent pour la forme et le réseau, mais jaune, il a des tubes d'un jaune soufré, et le chapeau convexe d'un noir bronzé. Les pores, au reste, sont quelquefois blancs et si petits qu'on a de la peine à les distinguer. La chair est un peu plus ferme que celle du bolet comestible. Elle est blanche, quelquefois jaunâtre, ordinairement persistante, mais sur quelques individus elle passe au verdâtre par le contact de l'air.

Plus petit et plus rare que le bolet comestible, il peut servir également à l'alimentation ; mais sa chair plus ferme le rend un peu plus difficile à digérer, c'est le *ceps noir* de nos paysans

3₂°. *Bolet à pores vermillon. Boletus luridus.* Schæf. (a).

Cette espèce, qu'il est important de ne pas confondre avec les précédentes, a, comme elles, un pédicule réti-culé, d'abord tubéreux, puis il s'alonge en restant toujours bulbeux ; mais il est rougeâtre surtout à sa base. Le chapeau convexe, puis plane, un peu cotonneux, visqueux dans sa vieillesse, est brun ou fauve. Les tubes sont remarquables par leur ouverture vermillon, tandis qu'ils sont jaunes dans le reste de leur longueur. La taille de ce champignon varie de 2 à 4 pouces en diamètre et en hauteur. La chair passe rapidement du jaune au vert, puis au noir.

Cette belle espèce n'est malheureusement pas rare dans nos bois où elle croît sur la terre vers le milieu de l'automne. Les expériences de M. Paulet ne permettent pas de douter qu'elle possède une action délétère puisqu'elle a causé à un chien des vomissemens et des tremblemens convulsifs, à la dose d'une once. Ce botaniste l'appèle *oignon de loup.*

(a) Je déroge encore ici à la traduction littérale, parce que le mot *luridus* couleur de cuir, ne signifie rien ; mais j'ai voulu conserver la dénomination de l'auteur qui a représenté le plus fidèlement cette dangereuse espèce.

4

32°. *bis. Bolet tubéreux. Boletus tuberosus.* Pers.

De nouvelles observations me portent à ériger en espèce ce champignon qu'à l'exemple de M. Persoon, je n'avais cru d'abord être qu'une variété du précédent.

Un pédicule toujours tubéreux et réticulé, tantôt jaune, tantôt d'un rouge vif, supporte un chapeau hémisphérique que je n'ai jamais vu se développer davantage, couvert d'une pellicule fort adhérente à la chair, grisâtre ou brunâtre. Les tubes presque imperceptibles, sont fort courts et d'un beau rouge ou jaune. La chair plus ferme que dans le bolet à pores vermillon, est jaunâtre, et se nuance assez lentement en bleu pâle par le contact de l'air.

On trouve cette espèce sur les pelouses, vers la fin de l'été, par groupes nombreux. N'ayant pas osé expérimenter sur moi cette espèce que je croyais dangereuse, et ne possédant pas de mammifères auxquels j'eusse pu en donner à manger, j'en fis avaler d'assez gros morceaux à des grenouilles qui n'en furent pas incommodées ; mais je suis loin de regarder comme concluantes des expériences aussi douteuses.

33°. *Bolet rude. Boletus scaber.* Bull.

Les écailles du pédicule distinguent cette espèce et la suivante de tous les autres bolets, mais ici elles sont noires; le pédicule est long, presque cylindrique, haut de 3 à 5 pouces. Le chapeau large de 2 à 4 est convexe, glabre, brun pâle ; les tubes sont longs, blancs, étroits, ceux qui entourent le pédicule, sont plus courts que les autres, et la chair devient rosée à l'air.

On le trouve souvent vers la fin de l'été au bord des bois, à Bondy, Boulogne, etc. On l'appelle *roussille* dans nos campagnes. Malgré le changement de couleur de sa chair, il peut être mangé sans le plus léger inconvénient, comme je m'en suis assuré.

34°. *Bolet orangé. Boletus aurantiacus.* Bull.

Fort analogue au précédent avec lequel quelques mycologistes l'ont réuni, il en diffère par les écailles de son pédicule, qui sont presque toujours brunes, rarement blanches, plus grandes et glanduleuses, et par son chapeau qui est d'un roux vif. Cette teinte ne réside que dans une pellicule, qu'on détache facilement de la chair. On dit l'avoir trouvé tout blanc. Sa chair d'un blanc persistant est assez ferme. Elle noircit beaucoup par la cuisson et rend une grande quantité d'eau.

Il croît dans les mêmes lieux et aux mêmes époques que le précédent, mais plus rarement, et il peut servir au même usage. M. Paulet le décrit sous le nom de *fonge orange*.

Ainsi que le précédent, on le mange sur le gril à la sauce blanche.

MÉRULE, MERULIUS. Hall.

Nous arrivons au genre qui a l'hyménium garni de veines presque toujours ramifiées et anastomosées. Le chapeau est le plus souvent déprimé au centre et supporté par un pédicule central.

Une seule espèce est employée comme alimentaire.

35°. *Mérule en coupe. Merulius cantharellus.* Pers.

La couleur d'un jaune-orangé vif suffirait pour distinguer ce champignon de tout autre. Son pédicule est central, le chapeau irrégulièrement ondulé est concave, souvent même en entonnoir, profond, lisse, la chair est jaune, presque translucide, assez ferme et cassante.

On le connaît, dans la campagne, sous les noms de *girolle, jaunelet, chevrille*; il croît par touffes au fond des forêts, vers la fin de l'été. Mâché crû, il a une saveur piquante que dissipe la cuisson en exhalant une odeur acide assez agréable. Il est fréquemment employé. Sa saveur doit éloigner de le manger crû; en effet, il détermine alors des entérites, mais fricassé ou confit, il n'a pas d'inconvénient; on l'emploie aussi comme assaisonnement, mais il n'a presque pas de goût. Il se dessèche facilement, et pourrait être conservé fort long-temps dans cet état.

AGARIC, AGARICUS. Linn.

Le caractère essentiel de ce genre est facile à saisir. Il consiste en lamelles ou feuillets formés par l'hyménium, et placés à la surface inférieure du chapeau. Tout le reste varie à l'infini comme nous le verrons.

La même variété se rencontre dans les propriétés des agarics. Inutiles, agréables, ou nuisibles, ils croissent partout et en grande quantité, dans toutes les saisons, mais surtout en automne.

Pour faciliter l'étude de ce genre, on a établi des sections ou sous-genres sur lesquels les auteurs sont loin de s'accorder; la distribution que nous adoptons est, sinon la plus naturelle, au moins la plus simple.

§. 1. AGARICS A VOLVA. (*Amanites* Pers.)

Nous renfermons ici toutes les espèces qui, dans leur première jeunesse, sont enveloppées d'une volva; mais cette membrane, déchirée quelquefois de très-bonne heure, disparaît entièrement et le champignon adulte n'en offre plus aucune trace, ou bien il porte sur son chapeau des verrues, débris informes et à peine reconnaissables de cette enveloppe. Dans d'autres circonstances, la volva acquiert un grand développement avant de se rompre, et on la retrouve à la base du pédicule.

L'existence de cette membrane avait fait ériger cette section en genre, sous le nom d'amanita; mais l'état de la surface de l'hyménium doit seule servir de base à la distinction des genres.

C'est la section qui exige l'étude la plus attentive; car à côté des espèces excellentes, elle offre des poisons mortels, et c'est presque toujours à elle qu'appartiennent les champignons qui chaque année font périr tant de monde.

36°. *Agaric engaîné. Agaricus vaginatus.* **Bull.**

Bulliard a réuni, sous ce nom, les espèces plumbeus et fulvus de Schœffer, qui ne paraissent différer que par la couleur ; en effet, dans toutes deux, un pédicule long de 3 à 6 pouces, cassant, lisse ou légèrement squammeux, cylindrique ou aminci par le bas, est rempli d'une moëlle qui disparaît avec l'âge, en laissant un canal central; la base de ce pédicule est entourée d'une volva large et bien visible ; il n'y a pas d'anneau, et le chapeau, large de 2 à 4 pouces, est convexe, plane ou mamelonné, et toujours strié au bord. Il est gris dans l'agaricus plumbeus, fauve dans l'agaricus fulvus. Les lamelles inégales s'insèrent dans l'angle du pédicule avec le chapeau.

Les auteurs regardent cette espèce comme suspecte. Selon M. Pico, le fulvus aurait incommodé un chien ; cependant les Russes s'en nourrissent. Je l'ai essayé sur moi. Un individu de fulvus ne m'a rien fait, et j'ai souvent mangé (1) à la dose de plusieurs onces le plumbeus, sans jamais en avoir été incommodé. Je n'ai point remarqué l'arrière-goût astringent et désagréable qu'on lui attribue.

37°. *Agaric de neige. Agaricus niveus.* **Paul.**

M. Paulet a figuré sous le nom d'*hypophyllum niveum* un agaric remarquable par une volva très développée, enveloppant un pédicule rétréci vers son milieu, sans anneau,

---

(1) Je dois faire remarquer que dans ces expériments, comme dans tous ceux que j'ai tentés sur moi et dont je parlerai, je n'ai mangé les champignons que cuits légèrement avec du beurre, sans ôter les lamelles ou les tubes, et sans les avoir lavés ou fait blanchir, ayant soin de boire l'eau qu'ils rendaient en cuisant : ainsi je n'ai pu altérer ou perdre les principes vénéneux par aucune préparation culinaire.

et couronné par un bourrelet manifeste sur lequel vienn ent se rendre les feuillets, le chapeau partout d'un beau blanc est profondément crevassé.

Cette espèce trouvée à Fontainebleau en septembre, par M. Paulet, n'a ni saveur ni odeur particulières, et donnée à la dose d'une once à un chien, elle l'a fait périr en trois jours.

38°. *Agaric orangé. Agaricus aurantiacus.* Bull.

Je devrais passer sous silence cet excellent champignon, tant il est rare près de Paris; mais le fréquent usage qu'on en fait dans nos provinces, et les méprises fréquentes dont il est la cause, m'engagent à le décrire.

Une volva bien distincte et blanche, se déchire en grandes lanières pour laisser sortir le chapeau, qui d'abord hémispherique, s'élargit et acquiert cinq ou six pouces de diamêtre : il est orangé, à bords striés souvent crevassés, les lamelles sont jaunes et s'insèrent dans l'angle que forme le pédicule avec le chapeau ; ce pédicule est cylindrique, jaune et entouré d'un anneau large : c'est *l'oronge, dorade, jaune d'œuf, jaserans, cadran*, il est très recherché. On le trouve, dit-on, à Meudon, Ville-d'Avray, etc., en automne dans les bois ; on le mange frit, et surtout cuit entier, mais sans peau et sans pédicule, avec de l'huile d'olives ou du beurre et des fines herbes ; les jaunes d'œuf et le vin peuvent encore être employés.

Il faut se garder de le confondre avec le muscarius.

39°. *Agaric ovoïde. Agaricus ovoideus.* Bull.

Les mêmes raisons que pour le précédent, m'engagent à parler de celui-ci.

Une volva irrégulièrement déchirée, enveloppe lâchement un pédicule gros et court, blanc, muni d'un anneau de même couleur. Les lamelles sont étroites, le chapeau est convexe, strié sur son bord et blanc ; il a une odeur et une saveur fort agréables.

Cette excellente espèce que Bulliard a trouvée à Fontainebleau, est connue sous les noms de *coucoumèle*, *co-
quemelle*, *oronge blanche* et doit être soigneusement distinguée du mortel *agaricus vernus*. On l'apprête comme l'o-
ronge.

C'est en le confondant avec l'espèce suivante, qu'on
multiplie chaque année ces exemples d'empoisonnement
dont fourmillent les journaux.

40°. *Agaric printannier. Agaricus vernus.* Fri.

Beaucoup de botanistes le réunissent au suivant.

Le chapeau convexe, puis déprimé au centre large de
deux à trois pouces, n'offre pas de verrues, son bord est
sans stries; le pédicule creusé d'un canal par l'âge, se renfle subitement en bas en un bulbe qu'enveloppe une volva
lâche et presque toujours bien visible; l'anneau est blanc
ainsi que tout le champignon, les lamelles s'insèrent dans
l'angle du pédicule avec le chapeau; quoique coriace, son
odeur n'est pas désagréable, et sa saveur n'est nullement
rebutante.

On le trouve en mai ou juin sur les gazons des bois, à
Meudon, au Vésinet, il a les mêmes propriétés vénéneuses
que le suivant, et porte le nom d'*oronge ciguë blanche*.

41°. *Agaric bulbeux. Agaricus bulbosus.* Bull.

Un chapeau d'abord convexe puis plane, de deux à trois
pouces de diamêtre, blanc, d'un jaune pâle ou verdâtre
satiné, quelquefois vert, est souvent couvert de verrues irrégulières planes, qui manquent quelquefois; son bord
n'est jamais strié. Le pédicule de deux à trois pouces de
long, se creuse par la vieillesse, la partie inférieure se
renfle en un bulbe que couronnent quelquefois les débris
de la volva, mais souvent il n'en reste aucune trace, les
lamelles larges et de longueurs inégales, ne s'insèrent pas
au pédicule. L'anneau est large.

On a dit qu'il possède une odeur virulente, très manifeste, ce qui n'a pas toujours lieu, surtout quand il est jeune, et la constriction à la gorge est un sentiment qu'on ne ressent que quand, prévenu que le champignon est dangereux, on craint de l'avaler, j'en ai souvent mangé des fragments sans éprouver cette sensation.

Cette terrible espèce désignée sous les noms d'*Oronge ciguë*, *amanite vénéneuse*, se trouve partout en abondance, dans les bois en automne. On l'a souvent prise ainsi que le précédent, pour l'oronge blanche, ou pour le champignon de couches, erreurs toujours funestes et qu'il sera facile d'éviter en comparant les caractères.

Sur l'homme ou sur les animaux, il détermine les symptômes décrits à l'empoisonnement par le principe délétère, mais ce n'est que dix à douze heures après l'ingestion que commencent les symptômes, souvent même l'individu mange avec appétit pendant cet intervalle ; la mort est presque certaine si l'individu n'est pas secouru par les moyens convenables, et elle a lieu souvent au milieu de convulsions atroces ou d'un profond coma.

Les mêmes symptômes se manifestent, et la mort a également lieu quand on en donne deux à trois gros à des chiens.

Le suc de cette espèce injecté dans le tissu cellulaire du dos des grenouilles, les fait périr dans les convulsions de demi à une heure, quelle que soit la substance avec laquelle on l'ait mêlé, comme alcalis, acides, noix de galles, sous acétate de plomb.

42°. *Agaric aux mouches. Agaricus muscarius.* Linn.

Ce superbe champignon est facile à distinguer de tous les autres. Son chapeau presque toujours d'un beau rouge orangé, quelquefois jaune, cramoisi ou même brun, est couvert de petites verrues blanches saillantes, qui quelquefois manquent complètement. Son diamètre varie de 3 à 6 pouces et même au delà. Le bord est toujours strié et assez souvent crevassé en divers points.

La chair assez épaisse, blanche, teinte de jaune ou de rouge au dessous de l'épiderme qui la recouvre, supporte des feuillets blancs inégaux plus larges vers le bord du chapeau que vers le pédicule près duquel ils se terminent. Le pédicule, cylindrique, plein puis creusé d'un canal par l'épuisement de sa moëlle, supporte un collet blanc, solide, constant, et se renfle à sa partie inférieure en un bulbe déprimé recouvert de petites écailles, débris informes de la volva qui enveloppait tout le champignon dans sa jeunesse et dont une portion forme les verrues du chapeau.

Après les deux espèces précédentes, c'est celle qu'on doit redouter le plus. Les symptômes de l'empoisonnement débutent presque toujours une ou deux heures après qu'on en a mangé, par des nausées, des vomissements, bientôt surviennent des défaillances, de l'anxiété. Il n'est pas rare de voir les vomissemens manquer complétement, et même ne pouvoir être provoqués par l'émétique. Je ne connais pas d'observation qui constate que la mort ait été causée par cette espèce seule. La guérison a lieu par les vomissemens naturels ou provoqués, la convalescence est quelquefois assez longue, le malade reste faible, abattu; le suc injecté dans le tissu cellulaire des grenouilles, agit tout-à-fait de la même manière que le précédent. .

Malgré ces propriétés délétères bien constatées, les Russes l'emploient comme aliment, mais ils ont soin de le faire macérer long-temps dans le vinaigre, et de rejeter ce liquide. Les habitans du Kamtschatka préparent avec lui et une espèce d'épilobe, une liqueur enivrante, qui, comme l'opium chez les Orientaux, détermine tantôt un délire gai, tantôt un délire furieux, quelquefois un profond coma. Ils obtiennent les mêmes effets en mangeant un ou deux jeunes champignons crus. On l'employait pour éloigner les mouches et les punaises. Cette belle espèce croît communément dans tous nos bois, vers le milieu de l'automne. La vivacité de ses couleurs contraste avec les teintes sombres que prend alors la nature languissante.

43°. *Agaric verruqueux. Agaricus verrucosus.* Bull.

En ne considérant que le champignon adulte, on serait persuadé qu'il n'appartient nullement à cette section. En effet, le pédicule, toujours renflé du bas, est lisse ou couvert de petites écailles, et ne présente pas la moindre trace de volva. Il est plein et porte un collet rabattu; mais le chapeau est couvert de verrues inégales, anguleuses, blanches, épaisses, qui semblent indiquer que le chapeau a été enveloppé par une volva, et en effet on peut s'en convaincre en l'observant dans sa jeunesse. J'ai quelquefois vu ces verrues manquer complètement. Ce chapeau, d'abord convexe ou en bouclier, finit souvent par devenir concave; il est rougeâtre ou bistré, à bords ondulés, unis; son diamètre varie de trois à six pouces. La chair assez ferme, d'abord blanche, offre une nuance rougeâtre dans la vieillesse du champignon. Les lamelles épaisses, blanches et inégales, s'insèrent dans l'angle que forme le pédicule avec la chair.

Cette espèce, qui n'est pas rare dans nos bois, à Bondy, Verrières, Meudon, etc., et à laquelle je n'ai jamais trouvé ni mauvais goût, ni mauvaise odeur, peut servir d'aliment.

44°. *Agaric croix de Malte. Agaricus crux melitensis.* Paul.

Cette espèce, que je décris d'après M. Paulet, et dont la forme semblerait tracée à plaisir, n'est peut-être qu'une monstruosité.

Son pédicule, haut de trois ou quatre pouces, couleur de chair pâle, est entouré d'un collet, et supporte un chapeau de même teinte, divisé en cinq ou six lobes arrondis, et dont le centre est mamelonné. Les feuillets de la couleur du chapeau, presque tous égaux, s'insèrent à un bourrelet entourant le pédicule qui, d'abord plein, devient fistuleux ; sa base renflée en un bulbe volumineux, est enveloppée d'une volva blanche assez visible. La chair est rougeâtre, et exhale au loin le parfum des mousserons.

M. Paulet l'a trouvé à Pantin en août. Il l'a essayé sur lui-même, et a manqué d'en être la victime. La moitié d'un individu a déterminé presqu'aussitôt une perte de connaissance qui a duré une demi-heure ; de l'émétique a fait vomir le poison ; mais il est resté à ce botaniste, pendant plusieurs jours, du dévoiement, des faiblesses d'estomac, et des coliques assez vives.

45°. *Agaric solitaire. Agaricus solitarius.* **Bull.**

Facile à distinguer de tous les autres par les bords de son chapeau, qui sont striés, par sa volva à peine visible sur l'adulte, et couverte de larges écailles, il offre un chapeau large de cinq à dix pouces, luisant, blanc, convexe, puis presque plane, et même ombiliqué, relevé de verrues très-épaisses, ou uni, visqueux, dont les lamelles larges s'insèrent dans l'angle du pédicule avec lui. Un large collet rabattu entoure un pédicule plein, gros, solide, haut de quatre à huit pouces, renflé en un bulbe volumineux, couvert de la volva écailleuse. La chair est épaisse, blanche et ferme.

Cette espèce croît sur les pelouses dans les bois, solitaire ; son grand volume la rend recommandable comme alimentaire ; mais elle est rare. On la prépare de toutes les manières, mais surtout sur le gril.

§. II. PAS DE VOLVA, PÉDICULE NUL OU MARGINAL.

Cette section, formée d'un assez grand nombre d'espèces de petite taille, coriaces ou trop rares, ne nous présente à considérer que deux espèces de nature fort différente, puisque l'une est dangereuse, tandis que l'autre est alimentaire.

46°. *Agaric styptique. Agaricus stypticus.* **Bull.**

Il a, comme le suivant, le pédicule marginal. Le chapeau

presque cartilagineux, blanc, arrondi ou anguleux, quelquefois échancré en rein, est couvert d'un épiderme qui se dessèche en écailles farineuses. Les lamelles inégales, brunes, étroites, souvent anastomosées, s'insèrent à un bourrelet épais, formé par le renflement du pédicule. Celui-ci est plein, et se termine en s'amincissant. Tout ce champignon dépasse rarement un pouce, et souvent il n'a que six à huit lignes de diamètre.

On le rencontre toujours par groupes nombreux sur les vieilles souches, dans les crevasses des vieux arbres. Sa consistance lui permet de prolonger son existence pendant toute l'année. Plutôt amer, âcre que styptique, il détermine une sensation désagréable sur la langue et au fond de la gorge qui semble éraillée pendant plusieurs minutes. Donné à hautes doses aux animaux, il détermine des coïques, du dévoiement, des selles sanguinolentes; mais il n'a pas de principe délétère. Ces propriétés paraissent dues en partie au principe âcre, fugace, dont nous parlerons dans la section suivante d'agarics, en partie à une résine. En effet la dessication durant depuis plusieurs années, la macération prolongée, diminuent, mais ne détruisent pas son acreté; mais une forte ébullition l'enlève presque complètement, et l'eau évaporée donne un extrait qui possède une partie de l'activité du champignon.

47°. *Agaric dimidié. Agaricus dimidiatus.* Bull.

Sa taille suffirait déjà pour le distinguer du précédent. En effet il a de trois à huit pouces de diamètre. Son chapeau convexe, puis un peu déprimé au centre, varie du blanc au roussâtre ; il est arrondi ou onduleux, ferme, uni ou strié légèrement, supporté par un pédicule tubéreux, long, d'un à deux pouces, lisse. Les lamelles sont inégales, d'un brun fauve, un peu décurrentes sur le pédicule, souvent anastomosées. La chair est épaisse, blanche, ferme.

Ce volumineux champignon ne possède ni odeur, ni saveur prononcées. Il croît sur les vieux arbres ou sur les souches pourissantes, vers la fin de l'été. On peut le manger surtout en y joignant un assaisonnement qui relève son goût.

§. III. PAS DE VOLVA, PÉDICULE NON MARGINAL, LAMELLES PRESQUE TOUTES ÉGALES (*russules* Pers.).

Section fort naturelle, renfermant une foule de champignons analogues par leurs propriétés, par leurs caractères botaniques.

En ne considérant que les caractères essentiels, il n'y a peut-être qu'une seule espèce; et si on a égard à la couleur, à la saveur, on peut faire autant d'espèces qu'il y a d'individus. En effet, ils présentent des nuances fort variées de blanc, de jaune, de rouge, de bleu, de violet, de vert, et tous leurs intermédiaires, la saveur passe par des nuances insensibles d'une nullité complète à une âcreté violente, les feuillets sont entiers ou divisés en deux, trois rameaux presqu'indistinctement. Cependant on a établi des coupes arbitraires auxquelles on a donné le nom d'espèces. Je me servirai de celles de Fries en y joignant toutefois une nouvelle que je crois nécessaire.

La saveur brûlante, âcre, ou seulement piquante de ces champignons, est due à un principe que détruisent promptement la dessication, l'ébullition, la macération dans les acides, l'alcool, les alcalis. L'eau dans laquelle on en met macérer se charge de ce principe; mais si on la soumet à la distillation, la portion condensée n'est nullement piquante, et ce qui reste dans la cornue a perdu sa saveur; aussi ces champignons qui, mangés crus, détermineraient des inflammations graves, peuvent-ils être employés sans le moindre inconvénient, quand on les a soumis à une coction prolongée.

48°. *Agaric en peigne. Agaricus pectinaceus.* Bull.

Le chapeau est d'abord convexe, puis plane; enfin con-

cave, arrondi, ou presque toujours ondulé, à bord lisse
ou strié, blanc, jaune, orangé, rose, rouge vif, violet, bistre, fauve ou brun, d'une teinte uniforme ou marbrée.
Les lamelles assez larges, toujours blanches, entières,
presque toutes égales, s'insèrent dans l'angle que forme
le chapeau, avec le pédicule; celui-ci, haut de un à deux
pouces, presque cylindrique, uni et blanc, est plein; rarement il se creuse d'une cavité irrégulière; la chair, ferme,
sèche, blanche et cassante, est presque toujours la proie
des larves; elle n'a ni odeur, ni saveur.

On trouve, par troupes nombreuses, cette espèce qui
couvre tous les gazons des bois, dans les endroits où l'air
circule librement, pendant tout l'automne. Les individus
qui périssent sont sans cesse remplacés par de nouveaux
individus. Son abondance devrait la faire employer comme
aliment.

49°. *Agaric vomitif. Agaricus emeticus.* Schæf.

Le chapeau large de deux à six pouces, a toutes les
formes et toutes les couleurs du précédent. Les lamelles
ont la même forme, la même insertion, sont également
blanches, le pédicule est blanc, mais la chair est ordinairement plus mince, et possède toujours une saveur piquante; c'est là le caractère distinctif.

· Cette espèce, fort semblable à la précédente, se trouve
dans les mêmes lieux. Son nom semble indiquer une action violente, et, en effet, M. Krapf a, dit-on, failli périr pour en avoir mangé : suivant lui, la dessication et l'é-
bullition n'en diminuent pas la nature vénéneuse. M. Paulet l'a donnée à des chiens, et ils n'ont rien éprouvé.
Non-seulement je persiste dans l'opinion que j'ai émise
en tête de cette section sur la destruction du principe âcre
par la dessication et par l'ébullition; mais, plusieurs fois
même, je me suis assuré sur moi que ce champignon cuit
peut être mangé sans le moindre danger. Il faut donc,
pour ne pas regarder les expériences de M. Krapf comme

fausses, supposer que ce qu'il a appelé *agaricus emeticus*, est tout différent du nôtre.

50°. *Agaric sanguin. Agaricus ruber.* **Fries**.

Ce champignon se d'stingue assez bien des deux précédents par son chapeau toujours d'un rouge de sang, à bord lisse, par ses lamelles bifurquées, ou même divisées en trois un peu décurrentes sur le pédicule, et par sa saveur brûlante. Du reste, le chapeau est convexe, plane ou concave, large de deux à trois pouces, sec, luisant, son pédicule est cylindrique, blanc ou rosé, la chair est blanche, sèche, assez difficile à rompre.

Comme les précédentes, cette espèce n'est pas rare dans les bois. M. Krapf a fait sur l'agaricus roseus, qui ne paraît être qu'elle, les mêmes expériences que sur l'emeticus. Mes tentatives sont également opposées, mais ce champignon crû jouit d'une âcreté beaucoup plus forte, il pourrait déterminer des gastro-entérites mortelles.

51°. *Agaric poivré. Agaricus piperatus.* **Bull**.

Son odeur caractéristique lui a valu le nom de *Fetens*. Il a un chapeau visqueux, large de deux à cinq pouces, convexe, puis déprimé au centre, gris ou fauve, dont le bord est, dans sa jeunesse, courbé en voûte et toujours couvert de stries que coupent à angles droits d'autres stries parallèles à ce bord. Les lamelles larges, épaisses, presque toujours striées, fauves ou blanches, souvent bifides, s'insèrent dans l'angle du pédicule avec la chair. Le pédicule est gros, court, blanc, et se creuse d'une cavité irrégulière.

Son odeur désagréable, sa saveur âcre poivrée, doivent éloigner de l'employer comme aliment: mais il ne possède aucune propriété délétère. Plus rare que les précédents, il se trouve également sur les pelouses en automne. Il ne faut pas le confondre avec l'*agaricus piperatus* **Pers**, qui est l'*acris* de **Bulliard**.

52°. *Agaric bifurqué. Agaricus furcatus.* Fries.

Son caractère principal consiste dans la couleur de son chapeau, qui est vert ou d'un bleu verdâtre. D'abord convexe, il devient promptement concave et presque toujours alors il se déchire irrégulièrement et profondément; le bord est sans stries, les lamelles sont blanches, insérées dans l'angle du pédicule avec la chair, et se bifurquent presque toutes plus ou moins loin du bord du chapeau. Le pédicule cylindrique, court, lisse, est blanc et ferme, le diamètre du chapeau varie de deux à quatre pouces.

Ce champignon assez commun dans nos bois, en automne, n'a pas d'odeur, son goût est souvent à peine sensible, quelques individus ont une saveur nauséabunde ou piquante; mais rien ne prouve qu'il soit d'une qualité malfaisante, tout me porte à croire qu'il ne possède que les propriétés générales de la section d'agarics dans laquelle il est renfermé.

§. IV. PAS DE VOLVA, PÉDICULE NON MARGINAL, LAMELLES INÉGALES, CHAIR RENFERMANT SUC UN OPAQUE. (*Galorrheus.* Fries.)

L'existence d'un suc opaque, ordinairement blanc, quelquefois jaune, très-rarement rouge, est le caractère qui distingue cette section de toutes les autres. On peut y joindre l'absence d'un collier, un pédicule cylindrique, un chapeau presque toujours ombiliqué, une chair ferme, cassante, des lamelles inégales, souvent bifurquées, s'amincissant vers le pédicule où elles se terminent en une légère décurrence. La dessication les rend tous très-durs et extrêmement cassants; cette propriété paraît due à l'albumine qu'ils renferment en très-grande quantité.

Malgré plusieurs caractères qui éloignent cette section de la précédente, elle s'en rapproche par ses propriétés. Comme celle-ci, elle renferme des espèces sans saveur, et beaucoup plus d'espèces âcres. Cette âcreté dépend aussi du même principe, même goût, même odeur aigre par

l'ébullition, même destruction par la chaleur, par les macérations, par la dessication, etc. Ce principe est donc dis-
sous dans le suc, mais il n'y est pas inhérent, le suc peut
exister sans lui. Ce suc opaque, bien différent de l'eau de
végétation, ne se caille pas à l'air libre, il se dessèche en
une matière jaunâtre ayant la consistance de la corne. Si
on verse de l'alcool dans le suc liquide, il se décompose
tout-à-coup, une portion se dépose en flocons blancs, c'est
de l'albumine, tandis que l'alcool filtré est jaune, il tient
en dissolution une matière d'un jaune brillant, soluble
dans l'eau, l'alcool, l'éther, l'essence de térébenthine, et
qui me paraît être ce que MM. Vauquelin et Braconnot
ont assimilé à l'osmazôme. Ces résultats sont fort différens
de ceux qu'a obtenus M. Paulet, puisqu'il dit que le suc
concret est entièrement soluble dans l'esprit de vin, la
teinture devenant laiteuse par l'addition d'eau : se serait-
il donc laissé influencer dans ce qu'il a vu, par l'idée pré-
conçue que ce devait être une substance résineuse ?

Quoi qu'âcres, ces champignons ne sont pas dangereux.
Une cuisson prolongée les prive presque complètement de
leur saveur; mais ils sont tous lourds, indigestes, nullement attrayans, et ils ne conviennent qu'à ceux qui sont
doués d'un estomac robuste.

La dureté qu'ils acquièrent par la dessication, permet
de les conserver fort long-temps dans cet état ou de les
réduire en une poudre qu'on peut garder dans des sacs et
employer au besoin, comme le gruau, pour faire des bouil-
lies qui ne sont nullement âcres, et dont on peut masquer
la légère amertume par des condiments appropriés, comme
poivre ou ail.

On les confond presque tous dans les campagnes, sous
les noms d'*eauburon* ou de *prévats*.

53°. *Agaric dycmogale. Agaricus dycmogalus.* Bull.

Cette espèce que beaucoup de mycologistes n'admettent
pas et sur laquelle les autres ne sont pas d'accord, n'est

probablement qu'une variété de la suivante. En prenant l'espèce telle que l'a formée Bulliard, elle renferme des champignons dont le chapeau, large de 2 à 6 pouces, blanc, lisse, convexe, puis concave ou en entonnoir, quelquefois légèrement zôné, est supporté par un pédicule court, blanc, cylindrique, plein. Les lamelles sont inégales, un peu décurrentes sur le pédicule. La chair ferme laisse couler, aussitôt qu'on l'a entamée, une grande quantité d'un suc blanc, laiteux, d'une saveur douce, mais beaucoup d'individus ont un suc déjà un peu âcre, et on passe par des nuances insensibles jusqu'à la saveur brûlante de l'*agaricus acris.*

Ce champignon, assez commun dans nos bois, forme avec le sol rembruni un joli contraste, par sa blancheur éclatante; mieux qu'aucun autre de cette section, il peut servir d'aliment; on le fait cuire avec du beurre ou de l'huile, du sel et du poivre. On ne doit pas le confondre, comme l'a fait M. Persoon, avec l'*agaricus testaceus* de Scopoli, puisque celui-ci est briqueté et a ses feuillets couleur d'ocre pâle.

54°. Agaric âcre. *Agaricus acris.* Bull.

Le chapeau large de 3 à 6 pouces, creusé en entonnoir, glabre, d'un blanc d'ivoire, contient une grande quantité de suc laiteux, blanc, très-âcre; son bord lisse et roulé en dessous dans sa jeunesse, est circulaire, ondulé, ou même lobé; les lamelles très-étroites, nombreuses, quelquefois bifurquées, blanches ou un peu jaunâtres, serrées, sont un peu décurrentes sur le pédicule, qui est gros, court, blanc, long de 1 à 2 pouces, uni. La chair est ferme, blanche.

On trouve souvent ce champignon dans nos bois, en automne. Il croît solitaire sur la terre, et imite quelquefois une vaste coupe dans laquelle peuvent s'amasser les eaux de la pluie, de là le nom d'*cauburon*, (eau boiront) qu'ont reçu, en général, tous les champignons laiteux.

Une seule goutte de son suc, placée sur la langue, détermine, en quelques secondes, un picotement violent, les papilles de cet organe deviennent saillantes et rouges, le gosier paraît éraillé, et cette sensation se prolonge souvent plus d'une heure. Une telle âcreté a fait conseiller son application sur les verrues coupées, mais son action est bien faible. Si on en croit Lister, donné avec le sirop de guimauve, il aurait la propriété de dissoudre les calculs vésicaux, et d'augmenter la sécrétion urinaire. Il est abandonné sous ces rapports ; mais on le mange dans quelques campagnes, après l'avoir fait cuire comme le précédent. La cuisson détruit plus complètement son âcreté que le lavage de sa chair pilée, répété jusqu'à quatre fois.

55°. *Agaric plombé. Agaricus plumbeus.* **Bull.**

La couleur bistrée ou d'un brun noir de sa surface supérieure suffirait pour distinguer cette espèce de toutes celles de sa section. Son chapeau est d'abord convexe, puis un peu concave, presque toujours irrégulièrement ondulé, large de 4 à 6 pouces, uni, sec ; ses lamelles assez étroites et nombreuses sont très-peu décurrentes, et offrent une teinte jaunâtre. Le pédicule est gris - sale, haut de 2 à 3 pouces, épais de 1 à 1½, cylindrique, plein, puis creusé d'une cavité irrégulière. La chair est ferme, blanche, cassante, et renferme une grande quantité de lait blanc et âcre.

Ce champignon moins commun que le précédent, se trouve également dans les bois, sur un sol ordinairement tourbeux. Il peut servir aux mêmes usages.

56°. *Agaric à lait brûlant. Agaricus pyrogalus.* **Bull.**

Son chapeau est plane ou concave, uni, sec, d'un brun pâle avec des bandes concentriques plus foncées, large de 2 à 3 pouces ; les lamelles jaunes sont un peu décurrentes, le pédicule est blanc ou gris, d'abord plein, puis creux, lisse; la chair est blanche, assez ferme et contient un lait blanc dont la saveur a fourni le nom du champignon.

Les bois, les prés humides offent assez souvent cette espèce qui possède les mêmes propriétés que les précédentes; mais sa petite taille et son peu de chair, joints à l'âcreté extrême de son suc, éloignent de l'employer comme aliment.

57°. *Agaric laiteux doux. Agaricus subdulcis.* Bull.

Ce champignon qui n'atteint jamais une grande taille, est d'un roux plus ou moins vif, glabre, quelquefois même luisant; le chapeau est convexe, en entonnoir ou en bouclier large de 1 à 3 pouces; le pédicule varie de dimension. Il est tantôt gros et plus court que le diamètre du chapeau, tantôt grêle, double de ce diamètre, souvent plein, quelquefois fistuleux, toujours lisse. Les lamelles sont d'un jaune rougeâtre, assez larges, fines, nombreuses, serrées et s'insèrent dans l'angle du pédicule avec le chapeau. La chair est blanche, quelquefois rosée, mince, et contient peu de suc; elle est sèche, cassante, et exhale une odeur caractéristique.

Le nom latin de cette espèce est plus exact que sa traduction. En effet, le suc paraît d'abord doux, mais bientôt il développe une légère âcreté, si on avale le champignon, il produit de la constriction à la gorge. Ce champignon, commun dans tous les bois au milieu des mousses, pourrait, dans le besoin, servir de nourriture; il n'a aucune propriété délétère, comme je m'en suis assuré; mais il est loin d'être agréable.

58°. *Agaric douteux. Agaricus controversus.* Pers.

Beaucoup d'auteurs n'admettent pas cette espèce qui, en effet, est basée sur des caractères assez peu tranchés. Semblable à l'*acris* par sa couleur blanche, par sa grande taille, par sa forme concave au milieu, par la forme et la taille du pédicule, il en diffère parce qu'il a sa surface un

peu visqueuse, surtout par un temps de pluie, pubescente;
son bord est fortement roulé en dessous et velu, et ses lamelles son tjaunâtres ou rousses.

Ce champignon, connu, suivant Bulliard, sous les noms
de *latyron, roussette*, possède un lait d'une âcreté détestable,
mais qui disparaît par la cuisson, en sorte que beaucoup
de paysans le mangent sur le gril, avec du beurre ou de
l'huile, du sel et du poivre, ou le mettent macérer dans
le vinaigre pour l'hiver. Il paraît préféré généralement à
l'*acris*; cependant il est tout aussi lourd et indigeste. Il croît
par peuplades souvent très-nombreuses, sur la terre, au
bord des chemins, en automne.

   59°. *Agaric drastique. Agaricus torminosus.* Schœf.

Le chapeau fauve ou rougeâtre, toujours ombiliqué lar-
gement, de 2 à 4 pouces de diamètre, a son bord fortement roulé en dessous dans la jeunesse du champignon,
puis simplement convexe, très-velu, circulaire ou échancré; la surface est sèche ou un peu visqueuse. Les lamelles
jaunâtres, inégales, sont un peu décurrentes sur le pédicule, larges, minces et très-nombreuses. Le pédicule est
cylindrique, blanc sale, d'abord plein, puis promptement
creusé par une cavité irrégulière. La chair est blanche et
contient un lait blanc âcre. J'ai trouvé plusieurs fois des
individus presque blancs ou nuancés de rose tendre.

Cette espèce, que Bulliard avait réunie bien à tort avec
l'*agaricus necator*, ne mérite pas le nom que lui a donné
Schœffer. Les Russes, après l'avoir fait mariner, la mangent pendant le carême, crue et en salade; souvent je l'ai
mangée cuite, sans qu'elle m'ait jamais incommodé. Enfin, M. Paulet qui l'appèle *mouton zôné*, l'a trouvée plus
agréable que l'agaric âcre. Ce botaniste, qui d'abord ne
s'était pas trompé, est tombé dans l'erreur en croyant se
corriger. En effet, il représente (pl. LXIX *bis*) un *hypophyllum torminosum* qu'il regarde comme pernicieux; mais
les figures glabres et brunes ne ressemblent ni à l'espèce

de Schœffer ni au véritable *necator* et ne paraîtrait être que le *subdulcis*, si le lait était blanc.

On le trouve très - communément dans les gazons des bois, à Ville-d'Avray, Meudon, Senart, etc., vers la fin de l'été et pendant tout l'automne. Il forme des peuplades souvent innombrables.

60°. *Agaric lacuneux. Agaricus scrobiculatus.* Shœf.

Un pédicule blanc, taché de gris et offrant de petits enfoncemens à son sommet, se creuse irrégulièrement par l'âge, et supporte un chapeau jaunâtre ombiliqué, sans zônes, dont le bord très-velu est d'abord fortement roulé en dessous, puis se déroule un peu ; la surface de ce chapeau est visqueuse, surtout par un temps humide. Les lamelles jaunâtres sont décurrentes, et la chair qui est blanche, laisse couler un suc, d'abord d'un blanc sale, puis jaune. Ce champignon varie de 1 à 2 pouces de diamètre sur autant de hauteur.

On le rencontre assez souvent dans les mêmes localités que le précédent avec lequel il a de grands rapports ; il jouit des mêmes propriétés et pourrait servir au même usage.

61°. *Agaric meurtrier. Agaricus necator.* Fries.

Cette espèce se distingue facilement de l'agaricus torminosus, par son chapeau terre d'ombre foncée, glabre au centre où il est un peu visqueux, tomenteux au bord ; d'abord fortement convexe, puis déprimé au centre, enfin, presque en entonnoir. Les lamelles, presque toujours jaunâtres ou bistrées, sont quelquefois blanches, elles sont inégales et un peu décurrentes sur le pédicule qui est court, aminci du bas, grisâtre ou rosé, plein et blanc à l'intérieur. Chair blanche renfermant un suc jaunâtre.

Ce champignon n'est pas très - commun dans nos environs, c'est le *morton* ou *raffoult* de nos paysans, le *calalos* des Bordelais ; partout on le regarde comme dangereux et même mortel. Malgré mes recherches, je n'ai pu me le procurer

Mais ce que j'ai fait sur le *torminosus*, me porte à croire que l'action de celui-ci serait également nulle. Il faut toutefois avouer que mangé cru, il peut déterminer des accidens aussi bien que presque tous les agarics laiteux. Il croît en automne, surtout dans les bois d'arbres verts.

62°. *Agaric à lait jaune. Agaricus theiogalus.* **B**ull.

Un pédicule cylindrique, long d'environ un pouce, rouge à sa base, jaunâtre à son sommet, jaune dans son intérieur, supporte un chapeau, d'abord convexe, puis concave, sec, glabre, rougeâtre, marqué de zônes un peu plus foncées, large de 1 à 2 pouces. La chair est jaunâtre, contient un suc couleur de soufre, et les lamelles fauves sont assez décurrentes sur le pédicule.

Cette espèce qui n'atteint pas une grande taille, se trouve assez fréquemment dans les prés des bois en automne. Elle a beaucoup d'analogie avec l'*agaricus subdulcis* dont elle diffère cependant par la couleur de son suc qui est peu âcre ; elle ne possède aucune propriété vénéneuse, mais rien n'invite à en faire usage.

63°. *Agaric délicieux. Agaricus deliciosus.* **L**inn.

Je n'ai jamais rencontré ce champignon ; mais, comme il n'est pas impossible qu'on le rencontre, et qu'il forme une exception à la règle générale de sa section, j'ai jugé convenable de l'indiquer.

Un chapeau visqueux, convexe, puis promptement ombiliqué, à bords fortement roulés en dessous, d'un rouge orange sale avec des zônes plus foncées, lisse, puis tomenteux, supporte des lamelles d'un rouge vif, décurrentes. Le pédicule est glabre, plein, puis creusé d'une cavité informe. La chair est rouge et laisse suinter un lait de même couleur opaque, doux. Les lamelles brisées passent souvent au vert.

Si on en croit les auteurs, il n'est pas rare dans les forêts de sapins et de pins, où il forme des groupes quelquefois symétriques. Sa chair, qui n'a pas le goût âcre de tous les champignons précédens, lui a valu son nom, mais il est un peu exagéré ; car cette espèce est encore lourde et indigeste. On en fait cependant un grand usage.

§ V. PAS DE VOLVA , PÉDICULE NON MARGINAL, LAMELLES INÉGALES , CHAIR SANS SUC OPAQUE , PÉDICULE ENTOURÉ D'UN ANNEAU.

Cette section est un peu artificielle ; mais je l'ai formée ainsi pour faciliter l'étude. L'anneau peut être un collet ou une cortine, il faut donc l'examiner sur le champignon naissant , de peur qu'il ne se détruise. Les lamelles gardent leur couleur pendant toute la durée du champignon, ou noircissent. Je n'y connais aucune espèce très-dangereuse; mais il en est quelques-unes qui pourraient incommoder, si leur goût n'éloignait de les employer , tandis que d'autres sont excellentes.

64°. *Agaric des champs. Agaricus campestris.* Linn.

Ce champignon varie beaucoup , aussi les auteurs ont-ils fait 2, 4, 6 espèces de ses variétés; mais toutes passent de l'une à l'autre par des nuances insensibles. Le chapeau, d'abord fortement convexe ou presque conique, devient hémisphérique et quelquefois plane , mais alors il est presque toujours crevassé. Sa surface est couleur de chamois , très-unie, douce au toucher, comme satinée , sèche, ou bistrée, hérissée de nombreuses écailles foncées, desséchées, formées de poils agglutinés. Le pédicule est cylindrique ou légèrement bulbeux, blanc, fibreux, plein, il porte vers son tiers supérieur un collet large , épais et solide. Les lamelles larges, insérées dans l'angle rentrant du pédicule avec la chair , d'abord rosées passent promptement au bistre, puis au noir foncé. La taille du champignon varie encore plus que son aspect ; quelquefois il s'élève à peine d'un pouce, ailleurs il acquiert 5 ou 6 pouces. Le diamètre du chapeau est presque toujours égal à la hauteur du champignon. La chair est blanche, de consistance moyenne.

On le rencontre très-souvent en automne dans les bois, les prairies; il est solitaire ou par peuplades, plus ou moins nombreuses. On est parvenu à le développer à volonté, au moyen de la culture qui sait réunir les circonstances indispensables à son développement. L'établissement et l'entretien d'une couche à champignons est un art que les jardiniers possédent; ce que je pourrais en dire serait trop incomplet, et je ne ferais que répéter ce qu'on trouve imprimé partout : aussi n'en parlerai-je pas.

La variété, couverte d'écailles brunes, est connue sous le nom de *champignon de couche* ou *comestible*, celle qui est chamois et lisse se nomme la *boule de neige*. L'odeur et la saveur de ces champignons sont connues de tout le monde. On préfère la dernière variété, et surtout les individus qui croissent naturellement dans les prairies, ils sont plus délicats, plus légers. On les prépare sur le gril avec du beurre et de l'huile, ou en fricassée de poulet ou sur un plat avec du beurre; dans tous les cas, on rejette la tige qui est trop dure. On aura soin de rebuter les individus dont les feuillets sont tout-à-fait noirs; car alors ils sont irritants, et peuvent déterminer des vomissemens ou surtout de la diarrhée. On a pensé qu'on pouvait manger cette espèce crue sans rien craindre; mais je dois avertir que j'ai été fortement incommodé pour avoir mangé deux onces de jeunes boules de neige. On a vu dans les généralités le traitement qui conviendrait dans une semblable circonstance.

65°. *Agaric amer. Agaricus amarus.* Bull.

Le chapeau, presque globuleux dans la jeunesse du champignon, s'ouvre et devient quelquefois plane; mais, dans presque tous les cas, il garde la forme d'un bouclier avec les bords un peu roulés au-dessous, il conserve assez souvent des lambeaux de la membrane qui cachait d'abord les feuillets. Sa surface est rarement visqueuse, d'un jaune orange ou rouge, le diamètre varie d'un à trois pouces, les feuillets, d'un gris verdâtre, gardent quelquefois cette couleur, ou foncent très-peu ; mais le plus souvent ils deviennent olivâtres et enfin noirs ; ils s'insèrent à angle droit sur le pédicule, ou en se courbant un peu en haut, la chair est d'un blanc sâle, jaunâtre ou verdâtre, épaisse de deux à quatre lignes ; le pédicule, long de trois à quatre pouces, est cylindrique ou aminci vers le bas, fibreux, jaune, blanc ou rouge, cassant plein ou fistuleux, il porte au bas de son quart supérieur des filamens noirs, restes de la membrane qui cachait les feuillets dans le premier âge du champignon, et formant une cortine dont l'existence est bientôt effacée par la dessication.

Cette espèce, l'une des plus communes, croît au pied des arbres par touffes d'individus, dont le nombre dépasse souvent trente ou quarante. Son amertume très-prononcée a fait croire qu'il avait des propriétés délétères : j'en ai plusieurs fois mangé, et je n'ai jamais rien éprouvé ; mais son amertume, que la cuisson ne détruit pas, est trop rebutante pour qu'on puisse en faire usage. M. Paulet le nomme *têtes de feu olivâtres*.

66°. *Agaric fasciculé. Agaricus fascicularis.* Pers.

De nombreux intermédiaires conduisent de l'espèce précédente à celle-ci, qui, par conséquent, n'en est peut-être qu'une variété. Toutefois les groupes sont ordinairement moins nombreux, les individus plus faibles dépassent rarement trois pouces, leur chapeau large de un à deux est d'un jaune de soufre plus vif au centre, qui s'élève en un large mamelon. La chair moins épaisse est jaunâtre, assez ferme ; les feuillets larges et inégaux passent rapidement du gris verdâtre au noir, et le pédicule cylindrique, fibreux, toujours fistuleux, jaune, présente rarement sur l'adulte les traces de la cortine ; elle se détruit presqu'au moment du développement du chapeau, et il faut examiner le champignon fort jeune pour apercevoir ce caractère.

Beaucoup plus amer que celui qui porte ce nom, il possède en outre une âcreté détestable que ne diminue pas l'ébullition la plus prolongée, pendant laquelle il exhale une odeur désagréable. Donné aux animaux, il les altère, leur fait perdre l'appétit, ils sont faibles, tremblants, et finissent par se rétablir, rarement ils périssent ; c'est du moins ce qu'a obtenu M. Paulet avec cette espèce qu'il appelle *têtes de soufre*.

67°. Agaric doré. Agaricus aureus. Bull.

Il est fort différent des précédents ; il a le chapeau charnu, large de deux à trois pouces, d'un fauve brillant, lisse, quelquefois couvert de petites écailles. Les lamelles sont couleur de rouille, restent toujours de cette couleur, et s'insèrent sur le pédicule à angle droit, ou en se courbant en haut, et formant crochet. Le pédicule est plein, jaune, rarement renflé, et porte un collet bien visible, qui persiste pendant toute la durée du champignon. La chair fort épaisse est compacte ou jaune.

Cette espèce, qui croît par touffes ordinairement peu nombreuses sur la terre humide, tourbeuse, au pied de gros arbres, exhale quelquefois une odeur de safran assez forte. Sa saveur est amère, mais plus faible que dans les espèces précédentes. Elle ne paraît non plus contenir aucun principe délétère.

68°. Agaric châtain. Agaricus castaneus. Bull.

Ce petit champignon, haut de un à deux pouces, présente un chapeau convexe, puis en bouclier, enfin crevassé irrégulièrement, châtain ou violacé, plus ou moins foncé, lisse. Les lamelles s'insèrent au pédicule, auquel elles adhèrent peu en se courbant un peu en haut ; elles sont toujours d'un violet sale ; la chair est mince et blanche, et le pédicule ferme, cassant, plein, et ensuite fistuleux, haut de deux à trois pouces, est soyeux, fibreux, blanc, ou nuancé de violet ; il perd promptement les traces de sa cortine.

Je ne l'indique comme comestible que d'après M. Per-

soon ; car bien qu'il ne possède ni odeur, ni saveur désagréables, il est d'une trop petite taille pour servir avec
avantage : nous avons assez de grosses espèces sans lui.
On le trouve, au reste, en abondance dans les taillis,
sur la terre, où il croît par groupes, en automne.

60°. *Agaric violacé*. *Agaricus violaceus*. Linn.

Le chapeau couvert de poils soyeux quelquefois agglutinés en écailles, est convexe ou en bouclier, violet foncé,
large de deux à quatre pouces. Les lamelles sont plus
étroites en dehors qu'en dedans où elles s'insèrent sur ce
pédicule, elles sont d'un violet presque noir. Le pédicule
cylindrique, tomenteux, long de trois à quatre pouces,
est plein, puis fistuleux, violet surtout dans son intérieur;
il porte à sa partie supérieure une cortine noirâtre très-
fugace.

Ce champignon croît par groupes ou solitaire dans les
bois sur les monceaux de feuilles mortes. Il n'a ni goût,
ni odeur, et peut servir d'aliment aussi bien que tous les
autres champignons à cortine qui lui ressemblent par la
forme, mais qui diffèrent par la couleur, et que Bulliard
avait réunis sous le nom d'*agaricus arancosus*.

70°. *Agaric en groupes*. *Agaricus polymyces*. Pers.

Un nombre, plus ou moins considérable, de pédicules
fibreux, fermes, pleins, cassants, striés, lisses ou légèrement écailleux, blancs ou olivâtres, quelquefois renflés en
bas, longs de deux à six pouces, sont réunis par la base,
et portent à leur partie supérieure un collet bien visible et
persistant. Le chapeau est d'abord convexe; puis il devient
presque plane, se crevasse, ou reste toujours mamelonné.
Il est fauve, puis brun, large de deux à quatre pouces,
et couvert de petits poils noirs, épars, écailleux, son
bord souvent un peu strié; les lamelles inégales, larges, blanches, ou légèrement rosées, puis tachées de
rouille, s'insèrent sur le pédicule à angle droit, et se pro-

longent sur lui en stries longues de une à deux lignes. La chair est blanche, ferme, cassante.

Les bois nous offrent souvent au pied des arbres, des touffes énormes de ce champignon que tous les auteurs ont indiqué comme dangereux. M. Paulet l'appèle *Tête de Méduse*, et assure qu'il a fait périr un chien en douze heures après des plaintes continuelles. Il possède une saveur âcre, mais peu prononcée, et qui ne fait que déterminer un sentiment de légère constriction à la gorge. Exposé au feu, il exhale une odeur piquante et désagréable, et perd ainsi son âcreté, en sorte que j'ai pu plusieurs fois le manger à hautes doses, sans éprouver le plus léger symptôme ; il n'est donc pas aussi redoutable qu'on se l'est imaginé ; mais il n'a rien qui invite à l'employer comme alimentaire.

71°. *Agaric couleuvré. Agaricus colubrinus.* Bull.

Cette grande et jolie espèce a un chapeau qui, d'abord ovoïde et recouvert d'un épiderme brun desséché, s'étend rapidement en parasol et déchire cet épiderme dont chaque lambeau reste adhérent par son centre, et se relève tout autour en coquille ; ces lambeaux sont d'autant plus nombreux et plus rapprochés, qu'ils sont plus près du centre. Le chapeau est blanchâtre ou bistré, convexe, mamelonné ou tout à fait plane, large de trois à six et même douze pouces, velu au bord ; les lamelles écartées, blanches, larges de quatre à six lignes inégales, s'insèrent à un renflement formé par la chair assez loin du pédicule qu'il environne. Cette chair est blanche, molle, fine. Le pédicule, haut de quatre pouces à un pied, est couvert d'écailles formées comme celles du chapeau, mais presque toujours adhérentes dans toute leur étendue, il se renfle en bas en un gros bulbe, un canal large et régulier le traverse dans toute sa longueur, et un collet élégant, blanc, membraneux, l'entoure vers sa partie supérieure sans lui adhérer, il peut glisser sur lui. Une variété plus petite et sans écailles, a servi pour établir l'espèce, *agaricus excoriatus*, Schœf. Tous les autres caractères sont les mêmes.

On rencontre assez souvent dans nos bois ce champignon majestueux ; il croît solitaire, sur la terre au milieu des taillis peu touffus. Il n'a pas d'odeur prononcée ; mais il offre un goût exquis de noisette ; souvent j'en ai mangé cru et il ne m'a jamais incommodé, je le regarde comme bien supérieur au *champignon de couches*. On le connaît sous les noms de *Couleuvrelle*, *Parasol*, *Goilmelle*, *Poturon*, *Vertet*, *Boutarot*. On rejette les tiges et on le mange sur le gril, en fricassée de poulet, ou sur un plat avec du beurre, de la chapelure, des fines herbes.

72°. *Agaric en bouclier. Agaricus clypeolarius.* **Bull.**

D'abord conique, il acquiert bientôt la forme qui lui a valu son nom, et alors il se déchire profondément. L'épiderme de son chapeau forme des écailles imbriquées, (c'est-à-dire disposées comme les tuiles de nos toits) brunes, libres par leur sommet, adhérentes par leur base. Les bords du chapeau sont toujours un peu courbés en bas, et la couleur est grisâtre. Le pédicule cylindrique est long de deux à trois pouces, blanc lisse ou écailleux, soyeux, non renflé en bas, entouré d'un collet membraneux qui lui adhère intimement et qui se dessèche et disparaît assez promptement. Un canal cylindrique règne dans toute l'étendue du pédicule, qui souvent cependant est plein. Les lamelles blanches, inégales, ne s'insèrent pas au pédicule selon Fries, je les ai pourtant toujours vues s'y fixer à angle droit.

En raison de sa localité humide, sous les monceaux de feuilles pourries, au fond de bois humides, on avait noté ce champignon comme dangereux : je ne lui ai trouvé ni saveur, ni odeur désagréables, bien que M. Persoon l'accuse d'avoir une odeur pénétrante, et je l'ai mangé avec assez de plaisir sans en rien éprouver. C'est la *Coulemelle d'eau* de M. Paulet.

§ VI. PAS DE VOLVA, PÉDICULE NON MARGINAL, LAMELLES INÉGALES, PAS DE SUC, PAS D'ANNEAU, FEUILLÉTS NE NOIRCISSANT PAS.

Cette section est encore plus artificielle que la précédente. Elle renferme une foule d'espèces différentes par leur forme, leur aspect, leur action ; cependant, aucune ne paraît contenir le principe délétère de la première section, et les espèces que l'on a notées comme dangereuses, exigent de nouvelles expériences ; nous la partagerons en trois sous-sections, d'après la manière dont s'insèrent les lamelles.

1°. *Lamelles décurrentes.*

73°. *Agaric en entonnoir. Agaricus infundibuliformis.* Schœf.

Il est facile à reconnaître à son chapeau profondément creusé en entonnoir, large de trois à cinq pouces, blanc, chamois ou fauve, dont la chair est mince et cependant solide, et le bord ondulé quelquefois plissé, il est supporté par un pédicule plein ou creusé irrégulièrement, cylindrique ou un peu renflé à sa partie inférieure qui est velue, haut de deux à trois pouces, grèle, solide. Les lamelles sont assez larges, inégales, blanchâtres, nombreuses et se terminent en une longue décurrence sur le pédicule.

On le trouve très-souvent pendant l'automne, sous les feuilles tombées à terre. Son odeur est quelquefois très-forte et suave, il n'a pas de goût prononcé. Toujours solitaire, il peut, par sa fréquence et par son volume, servir utilement à la nourriture.

74°. *Agaric contigu. Agaricus contiguus.* Bull.

Le chapeau est d'abord très-convexe, son bord fortement roulé en dessous est tomenteux, visqueux, peu à peu il se développe, se creuse au centre, il finit par ressembler à une coupe peu concave, il n'est presque jamais régulièrement circulaire, mais ondulé, ou même lobé plus ou moins profondément ; son bord offre toujours dans l'adulte, des stries larges et peu profondes ; la chair épaisse et blanchâtre est continue avec le pédicule, dont la hauteur dépasse rarement un pouce et demi, tandis que le chapeau a souvent quatre à cinq pouces de diamètre : ce pédicule, épais en haut, s'amincit en bas, il est toujours plein. Les lamelles inégales, couleur de rouille, amincies à leurs deux extrémités, sont très décurrentes. Tout le champignon est à l'extérieur, fauve ou couleur de rouille.

Cette espèce qui croît par groupes peu nombreux ou solitaire, est aussi très-fréquente dans nos environs, pendant tout l'automne. Elle se plaît surtout au bord des bois, et peut être employée comme alimentaire avec beaucoup d'avantage.

75°. *Agaric nébuleux. Agaricus nebularis.* Batsch.

Je préfère ce nom à celui de *pileolarius*, qui ne signifie rien, puisque souvent il n'a pas la forme mamelonnée ou en chapeau (*pileus*). On distinguera toujours facilement ce champignon par sa couleur intermédiaire au gris et au brun. Le chapeau est très-lisse, d'abord convexe, puis en bouclier, enfin souvent plane, large de deux à cinq pouces, formé par une chair blanche dont l'épaisseur a quelquefois un pouce, continue avec le pédicule. Celui-ci, haut de trois à quatre pouces, se renfle peu à peu jusqu'en bas, où il peut avoir jusqu'à quinze lignes de diamètre, il est plein, sec, très-solide, et jaunâtre à sa surface. Les lamelles sont très-nombreuses, serrées, fines, blanches ou nuancées de fauve, inégales, larges de deux lignes, très-décurrentes.

L'odeur suave, quoique faible de cette espèce, semble inviter à en faire usage. En effet, sa consistance est moyenne, il a beaucoup de chair, une saveur douce, agréable, il n'incommode pas. Il croît en automne, dans les taillis, quelquefois solitaire ; souvent deux ou trois individus sont réunis par le pied. On peut le préparer comme l'agaric des couches.

76°. *Agaric du panicaut. Agaricus eryngii.* Mich.

Un pédicule long d'un à trois pouces fortement renflé dans sa moitié inférieure, blanc, plein, central ou excentrique, supporte un chapeau convexe, puis presque plane, et même légèrement enfoncé à son centre, irrégulier, d'un roux pâle, dont la chair est blanche, ferme et fort épaisse. Ses bords sont roulés en dessous, et son diamètre varie d'un à trois pouces. Les lamelles sont blanches, décurrentes sur le pédicule, assez nombreuses et serrées. Souvent le pédicule est excentrique.

Cette espèce qu'on mange partout, a reçu un grand nombre de noms, tels que, *Oreille de chardon, Boulingoule, Ragoule,* etc. On la trouve toujours par groupes d'individus de tous les âges, sur les racines pourries de l'Eryngium campestre (Chardon Roland, ou panicaut), seulement vers la fin de l'automne ou au commencement de l'hiver.

77°. *Agaric blanc d'ivoire. Agaricus eburneus.* Bull.

Le nom indique sa couleur. Son chapeau est ovoïde dans sa jeunesse, puis il s'étale, acquiert trois à quatre pouces de large ; il devient parfaitement plane, ou il reste mamelonné ; il est uni et couvert dans les temps de pluie d'une matière blanche, visqueuse, analogue à une solution concentrée de gomme arabique. La chair est mince, blanche, le pédicule, long de trois à quatre pouces, est souvent double ou même triple du diamètre du chapeau, plein, puis un peu creux, cylindrique, lisse en bas, où il s'amincit un peu, couvert en haut de petites saillies visqueuses, appelées improprement écailles. Les lamelles sont très-larges, blanches, assez peu nombreuses, et se terminent sur le pédicule, en se courbant en bas pour former une décurrence peu prolongée.

Il n'est pas très-commun ; il croît solitaire et de préférence dans les taillis sombres et humides pendant les automnes pluvieux. On l'a indiqué comme comestible : je ne

6

lui ai trouvé, à la vérité, aucune qualité malfaisante, mais sa localité lui donne souvent un goût désagréable : d'ailleurs il n'a presque pas de chair.

78°. *Agaric vierge. Agaricus virgineus.* **Pers.**

Le chapeau est blanc ou chamois, convexe ou mamelonné, puis ombiliqué, irrégulier, souvent crevassé, humide, large d'un à deux pouces, supporté par un pédicule cylindrique un peu aminci en bas, ordinairement courbé irrégulièrement, haut de deux à trois pouces, glabre et sec, même au sommet, sans écailles, plein, puis fistuleux, fibreux. La chair est blanche, assez mince, et les lamelles larges, inégales, épaisses, peu nombreuses, sont décurrentes.

Les endroits découverts, les prairies sèches, offrent une foule d'individus épars de cette petite espèce, qui dure une partie de l'été et presque tout l'automne. Elle a une odeur faible, fort peu de goût ; mais sa fréquence peut la rendre quelquefois utile. Il paraît qu'elle est mangée dans quelques campagnes, sous les noms de *petite oreillette*, ou de *mousseron*.

79°. *Agaric des prés. Agaricus pratensis.* **Pers.**

Très rapprochée de la précédente, cette espèce en diffère par quelques petits caractères : son chapeau convexe ou en bouclier, glabre, sec, large de deux à trois pouces, blanchâtre ou nuancé de fauve, de roux ou de vermillon, est formé par une chair blanche ou roussâtre, très épaisse et ferme ; les lamelles sont très épaisses, assez étroites, peu nombreuses et fort écartées, elles se courbent pour se terminer par une décurrence prolongée, et souvent s'anastomosent. Le pédicule est ferme, fibreux, cylindrique ou aminci par le bas, blanc, haut de un à deux pouces, plein, puis creux en haut, large de quatre à six lignes en haut. Une variété blanche et plus petite, à chair plus mince et à bord strié (*ericosus* Fries) établit le passage de cette espèce *à l'agaricus virgineus.*

On le trouve très souvent comme semé dans les prairies sèches, sur les gazons des routes peu fréquentées, dans les bois. Comme le précédent, il n'a rien qui doive le faire rejeter, et il est préférable par son volume et par l'épaisseur de sa chair ; mais il est un peu coriace.

80°. *Agaric mousseron. Agaricus prunulus.* Cœsal.

Le nom seul de ce champignon suffirait à beaucoup de personnes ; mais il faut savoir le connaître, le distinguer de tous ceux qui peuvent lui ressembler. Son chapeau est d'abord sphérique, puis il s'étale et devient presque plane ; il est gris ou nuancé de rose, lisse, sec et varie de deux à quatre pouces, le bord est arrondi, courbé en bas, onduleux ; le pédicule haut d'un pouce, épais de six lignes, plein, presque tubéreux, porte à sa base des poils blancs et des fibrilles qui l'attachent au sol, et est souvent excentrique ; les lamelles assez étroites, sont d'un blanc rosé et très décurrentes, la chair est épaisse.

Il est assez rare aux environs de Paris ; il paraît au printemps et en automne, son odeur caractéristique et très-développée, et l'épaisseur de sa chair qui est un peu ferme, rendent son emploi très fréquent. On le récolte et on le mange partout, on le fait sécher pour l'hiver. L'agaric des couches, la morille et le mousseron, sont les seules espèces dont la vente soit autorisée dans nos marchés. Cette mesure de police serait indispensable s'il n'y avait que ces espèces faciles à distinguer des champignons vénéneux, mais avec la moindre attention, il en est beaucoup d'autres qu'on pourrait y joindre sans danger. A quoi servent des inspecteurs de champignons, si on ne peut vendre que ce que tout le monde connaît ?

81°. *Agaric orcelle. Agaricus orcellus.* Bull.

Son chapeau est blanchâtre, gris ou fauve, arrondi ou irrégulier, ondulé, convexe, puis déprimé à son centre, large de deux à quatre pouces, supporté par un pédicule qui, d'abord central, devient souvent excentrique, quelquefois déprimé, blanc, long de un à deux pouces, lisse, taché, vertical ou horizontal et courbé, aminci vers sa partie inférieure. Les lamelles assez larges, serrées, minces, jaunâtres, sont décurrentes. Chair ferme, blanche.

Cette espèce croît sur les gazons des bois, sur les souches, ou le long des troncs d'arbres, quelquefois à une très-grande hauteur, en automne, isolée ou presque toujours par groupes peu nombreux. Elle est d'une bonne consistance et peut servir à la nourriture ; elle exhale une forte odeur de farine.

82°. *Agaric pied nu. Agaricus gymnopodius.* **Bull.**

Cette espèce a le chapeau large de un à quatre pouces, très-convexe, couvert de petites écailles noirâtres fort nombreuses. Il est d'un fauve foncé, et son bord irrégulier, ondulé, strié et plissé, est souvent profondément échancré. La chair est blanche ou jaunâtre, fort mince, surtout près du bord, plus épaisse au centre, ferme et cassante ; elle se continue avec le pédicule, qui est cylindrique, fauve, long de trois à six pouces, tout à fait lisse ou strié dans toute sa longueur, plein, et dont le parenchyme fibreux lui donne une grande solidité malgré la petitesse de son diamètre qui, ayant au plus cinq lignes à sa partie supérieure, s'amincit graduellement jusqu'en bas; les lamelles sont de la couleur du chapeau, et se terminent sur le pédicule par une longue décurrence.

Ce champignon qui n'est pas très rare dans les routes des bois, croît par touffes souvent très nombreuses et qui contiennent des individus à tous les degrés de développement ; sa chair est assez tenace ; mais elle peut servir d'aliment et le champignon tout entier se dessèche facilement, en sorte qu'on peut le conserver pour le besoin.

2°. *Lamelles insérées au pédicule sans décurrence.*

83°. *Agaric des ormes. Agaricus ulmarius.* **Bull.**

Cette espèce et les deux suivantes servent de passage des

champignons, dont les lamelles sont décurrentes à ceux où l'insertion est à angle droit, ou même rentrant. Son chapeau, d'abord très régulier, se développe, s'élargit et devient irrégulier, mais il reste toujours convexe, il varie de grandeur entre quatre et dix-huit pouces de diamètre, et de blanc passe au fauve, quelquefois il est taché de rouge, ou de noir. Le pédicule, d'abord parfaitement central, devient de plus en plus excentrique, il est vertical dans son extrémité qui porte le chapeau, mais il se courbe et devient horizontal dans sa partie inférieure, afin de pouvoir s'insérer le long des troncs d'arbres ; il a de deux à huit pouces de long, sur dix à douze lignes de diamètre, il est cylindrique et sa surface est blanche, presque toujours lisse, quelquefois irrégulièrement striée en long ou velue. Les lamelles larges, nombreuses, nuancées de jaune, inégales, s'insèrent sur le pédicule à angle droit, et s'y prolongent un peu en une ligne saillante et courte. La chair est épaisse, blanche, ferme et cassante.

Les cavités des vieux troncs, donnent assez souvent naissance à des individus isolés ou à des groupes de cette espèce, les chapeaux imbriqués se gênent réciproquement dans leur développement, et prennent quelquefois par cette cause des formes bizarres. C'est à la gêne que le champignon éprouve dans son développement du côté du tronc d'arbre qui le supporte, ainsi qu'à la facilité qu'il a de s'étendre dans le sens contraire, que j'attribue l'excentricité du pédicule ; ce n'est donc pas un caractère ; c'est un accident qui a également lieu pour les *agaricus orcellus, tesselatus*, etc., et voilà pourquoi je ne les ai pas placés dans une section particulière. Le volume énorme de ce champignon le rend recommandable comme alimentaire ; sa conservation est facile ; mais l'élévation à laquelle il croît rend souvent sa récolte impossible.

84°. *Agaric marqueté. Agaricus tesselatus*. Bull.

Il est fort analogue au précédent dont il pourrait bien

n'être qu'une variété. Le chapeau est convexe, chamois avec de grandes taches polygones, fauves, large de deux à quatre pouces, porté par un pédicule, d'abord central, puis excentrique, courbé comme celui du précédent, blanc, plein, lisse. La chair est blanche, épaisse, assez ferme, les lamelles d'un blanc jaunâtre ont la même insertion, ou font un peu le crochet, et sont également larges, nombreuses et serrées.

On le trouve aussi sur les troncs d'arbres, et il peut servir au même usage. Il est, dit-on, agréable au goût, mais un peu coriace.

85°. *Agaric flambé. Agaricus adustus.* Pers.

Cette place, assignée au champignon dont nous parlons, est tout-à-fait systématique. Dans un ordre naturel, il devrait servir de passage entre la 3e. et la 4e. section : en effet, il possède les propriétés de la première avec les lamelles inégales de la seconde.

Son chapeau, lisse, humide dans sa jeunesse, déprimé au centre, fortement courbé vers ses bords, qui sont roulés en-dessous, passe avec le temps du blanc au gris, au fauve, au brun, et même au noir; il a de trois à six pouces de diamètre. Ses lamelles sont épaisses d'une ligne, dimension qu'on ne trouve dans aucun autre agaric, elles sont blanches, peu nombreuses, inégales, très-écartées, dures et cassantes; elles s'insèrent sur le pédicule à angle presque droit, ou avec une très-faible décurrence. Le pédicule, haut de deux à trois pouces, est épais de près de moitié, solide, plein, puis creux, cylindrique, blanc ou gris. La chair est épaisse, comme grenue, et contient un suc blanchâtre qui devient rouge par le temps. Si on rompt le champignon, il devient quelquefois rouge ou noir. Son suc, analogue à celui des champignons laiteux, est en trop petite quantité pour pouvoir sortir en gouttelettes, et quand on exprime le champignon, il est mêlé à l'eau de végétation. Sa saveur est piquante, mais faible, et tout le champignon exhale une odeur aigre, à peine sensible.

On le trouve abondamment vers la fin de l'automne, sous les amas de feuilles pourissantes. Ses propriétés me paraissent tout-à-fait semblables à celles de la 3e. section d'agarics.

86°. *Agaric anisé. Agaricus anisatus.* Pers.

L'odeur anisée que ce champignon exhale au loin, sert à le reconnaître. Son chapeau est lisse, comme satiné, sec, vert ou bleu, plus souvent chamois au bord, et vert sale au centre, enfin quelquefois entièrement chamois, convexe ou en bouclier, puis plane, quelquefois légèrement ombiliqué, large de un à trois pouces, souvent couvert de légères stries rayonnantes qui du centre vont jusqu'au bord. Le pédicule est blanc, cylindrique, haut de un à deux pouces, ou court, difforme, comme ubéreux, plein, et reçoit à angle droit l'insertion des lamelles qui forment un léger crochet, et sont larges, blanches ou verdâtres, inégales.

Cette jolie espèce n'est pas rare dans les taillis en automne ; elle croît sur la terre ou sur les feuilles mortes, solitaire ou par petits groupes. Son odeur attrayante semblerait faire croire que c'est un des meilleurs champignons ; il n'en est cependant rien : il est incapable de nuire ; mais son peu de chair et la nullité de sa saveur n'en font qu'un aliment peu utile. Il pourrait peut-être servir avec plus d'avantage à parfumer les sauces.

87°. *Agaric bronzé. Agaricus œneus.*

J'appelle ainsi un champignon que je ne vois figuré dans aucun auteur. Son chapeau convexe, puis plane, est d'un vert bronzé, clair ou foncé, quelquefois nuancé de brun, couvert partout de peluches plus foncées fort nombreuses, séparées par des lignes irrégulières, entrecroisées ; il est large de trois à quatre pouces. La chair est blanche, assez épaisse, de consistance moyenne : le pédicule, haut de trois ou quatre pouces, un peu renflé dans sa moitié inférieure, est légèrement strié, couvert des mêmes peluches que le chapeau, mais plus écartées, et présente une teinte rougeâtre ; il est plein et blanc à l'intérieur, peu fibreux. Les lamelles inégales ont une légère teinte fauve, et s'insèrent au pédicule à angle droit, ou en formant un léger crochet.

Je l'ai trouvé plusieurs fois en automne à St.-Germain, où il ne paraît pas rare. Il a une odeur très-suave, approchant de celle du précédent, sa saveur est agréable, et sa consistance bonne. J'en ai mangé avec plaisir et sans inconvénient. Sans l'inégalité constante des lamelles, il me paraîtrait fort analogue à *l'agaricus palomet* de M. Decandolle.

88°. *Agaric des caves. Agaricus cryptarum.*

Autre espèce sans doute nouvelle, et qui doit être placée entre les *agaricus lignatilis*, et *ramosus* Fries, avec lesquels elle a de grandes analogies. Une souche épaisse donne naissance à un grand nombre de pédicules qui, d'abord renflés en bas et amincis en haut pour porter le jeune chapeau, lequel est alors sphérique, s'alongent, se courbent dans le sens où ils ne sont pas gênés, et deviennent presque cylindriques, fortement striés, longs de deux à trois pouces. Le chapeau, de sphérique, devient conique, large de six à dix-huit lignes, couvert de tubercules nombreux, irréguliers; il est blanc, sa chair est très-épaisse, blanche, solide, ferme, et ses lamelles inégales, extrêmement étroites, s'insèrent à angle droit sur le pédicule, en formant un crochet à peine sensible.

Toute la masse, qui peut peser plusieurs livres, répand une odeur de farine, et peut être mangée sans danger, mais la chair est un peu dure.

Ce curieux champignon m'a été rapporté de l'entrepôt de vins de Paris où il ne paraît pas rare. Peut-être serait-il susceptible de culture ; l'énorme souche reproduisant sans cesse de nouveaux champignons, à mesure qu'on en coupe, faciliterait beaucoup cette opération.

89°. *Agaric soufré*. *Agaricus sulfureus*. **Bull.**

La couleur jaune vif que possède cette espèce dans toutes ses parties peut servir à la distinguer au premier abord. Elle a un chapeau convexe, soyeux, surtout vu à la loupe, large de un à deux pouces, jaune à l'extérieur et à l'intérieur, porté par un pédicule de même couleur, cylindrique ou un peu renflé au bas, plein, glabre, haut de deux à quatre pouces, fibreux ; souvent ses fibres tortillés produisent à sa surface des stries obliques à son axe, parallèles entre elles. Ses lamelles sont jaunes, inégales, écartées, plus larges en dedans qu'en dehors, et se terminent au pédicule en se courbant un peu en haut, et formant un crochet manifeste. La chair est épaisse, jaune.

Il croît isolé, ou quelquefois par groupes sur la terre, rarement sur les arbres, dans les taillis peu touffus, où il est commun, en automne. Son mauvais goût et son odeur de chenevis moisi, pourraient faire croire qu'il est dangereux, il ne l'est nullement ; mais tout éloigne de s'en servir comme aliment.

90°. *Agaric à tête blanche*. *Agaricus leucocephalus*. **Bull.**

Cet agaric, assez semblable au précédent par la taille, la forme et le goût, en diffère par une foule d'autres caractères. Son chapeau convexe, puis presque plane, large de un à deux pouces, est blanc, quelquefois taché de fauve, lisse, et ses bords sont un peu roulés en dessous. Le pédicule qui le supporte est cylindrique, blanc ou chamois, long de deux à trois pouces, plein, quelquefois un peu renflé en bas, lisse. La chair est blanche, assez épaisse, et les lamelles nuancées de gris ou de fauve, nombreuses, inégales, se recourbent en haut, puis forment un léger crochet pour s'insérer au pédicule.

On rencontre assez souvent dans les bois et sur les gazons cette espèce, qui d'abord paraît alimentaire ; mais, en la mâchant, on sent une amertume détestable ; au reste, elle ne contient aucun principe délétère.

91. *Agaric colombette. Agaricus columbetta.* Bauh.

Fries confond, je crois à tort, cette espèce avec la précédente. Comme elle, la colombette est blanche, quelquefois rosée ou jaune ; mais le chapeau est irrégulier, réfléchi sur ses côtés, souvent lobé, et son épiderme se fendille quelquefois en écailles, son diamètre varie de deux à trois pouces, et son bord est tomenteux dans les jeunes champignons. Le pédicule, gros de près d'un pouce, haut seulement de deux à trois pouces, s'amincit par le bas, il est blanc, solide, lisse, plein, et se creuse par l'âge ; les lamelles, nombreuses, inégales, larges de trois à quatre lignes, sont blanches ou ferrugineuses, et leur bord libre se courbe fortement en haut avant de s'insérer au pédicule, auquel elles ne tiennent que dans une très-petite étendue.

Cette espèce, qui croît par touffes au pied des arbres, sur les gazons, n'a pas d'odeur, et ne possède pas l'amertume de la précédente. Depuis fort long-temps elle est conseillée comme alimentaire ; l'expérience moderne n'a fait que confirmer cette propriété.

92°. *Agaric à pied pointu. Agaricus fusipes.* Bull.

Le pédicule de ce champignon suffirait pour le caractériser. Il est irrégulier, lisse, droit ou courbé dans divers sens, blanchâtre, puis brun, creusé par de profonds et larges sillons ; il s'amincit progressivement jusqu'en bas où il se termine en une pointe aiguë, enfoncée dans le sol, et toujours plus foncée que le haut du pédicule, souvent noire. Son centre est creusé d'un long canal qui renferme presque toujours des faisceaux de fibres blanches, repliées et ondulées; sa longueur varie de deux à six pouces. Il porte un chapeau convexe ou presque plane, large de deux à quatre pouces, fauve ou roux, lisse, irrégulièrement ondulé et déchiqueté. La chair est très-mince, élastique coriace, et les lamelles larges, inégales, jaunâtres, puis brunes, sont échancrées irrégulièrement sur leur bord libre, et se courbent en haut, puis forment un crochet bien sensible, qui s'insère dans une très-petite étendue du pédicule.

Il forme très-souvent des touffes immenses composées d'un grand nombre d'individus, au pied des arbres ou sur le gazon des forêts. Il dure presque tout l'été et pendant l'automne. Il n'a pas d'odeur, sa saveur est un peu acide, et sa chair, légèrement coriace, ne s'oppose pas à ce qu'il serve d'aliment.

C'est le champignon que M. Paulet appelle *chenier ventru*, et M. Persoon pense qu'il a le goût du champignon de couche, je ne suis pas de son avis.

93°. *Agaric crevassé. Agaricus rimosus.* Bull.

Ce dangereux champignon offre un pédicule long de 1 à 3 pouces, cylindrique, ou renflé à sa partie inférieure, lisse, blanchâtre, farineux à son sommet. Le chapeau d'abord en cloche, s'élargit par les bords et forme le bouclier; il est brun, roux pâle, ou jaunâtre, toujours crevassé profondément, souvent marqué de lignes brunes et de taches de même couleur, large de 1 à 2 pouces, uni ou squammeux, satiné; les lamelles sont pâles, inégales, très-peu adhérentes au pédicule, sa chair est assez épaisse et blanche.

On trouve assez souvent dans les bois, cette espèce dont les individus sont réunis par groupes nombreux. Suivant M. Balbis, une famille entière a été empoisonnée par cet agaric; je n'ai pas vérifié cette propriété délétère, qui exige de nouveaux faits, pour être bien constatée.

94°. *Agaric brûlant. Agaricus urens.*

Le chapeau d'abord très-convexe, puis plane, et enfin concave, est glabre, large de 1 à 2 pouces, d'un roux pâle; il est supporté par un pédicule très-mince, renflé vers sa partie inférieure, plein, blanchâtre, lisse en haut, souvent velu en bas, long de 4 à 5 pouces. La chair est mince, et les lamelles inégales, ferrugineuses, nombreuses, s'insèrent sur un renflement entourant le pédicule; elles ont 2 lignes de large.

Le nom de cet agaric indique une saveur désagréable; mais n'ayant pu le rencontrer, je ne sais à quoi attribuer cette propriété. Dans tous les cas, il est prudent de le regarder comme nuisible, jusqu'à ce que de nouvelles observations soient venues confirmer ou détruire cette assertion. Il croît sur les tas de feuilles mortes.

95°. *Agaric en fuseau. Agaricus fusiformis.* **Bull.**

Plusieurs pédicules renflés vers leur milieu, longs de 2 à 3 pouces, fibreux, solides, pleins, pulvérulens, bruns ou jaunes, amincis par le bas en pointe, réunis en un faisceau, donnent naissance à de petits chapeaux fortement convexes, roux, pulvérulens, dépassant rarement un pouce de diamètre. La chair est élastique, assez mince, et les lamelles brunes s'insèrent un peu au pédicule, en se recourbant en haut.

Cette espèce qui croît par groupes, souvent fort nombreux, sur la terre, vers la fin de l'été, n'a ni goût, ni odeur bien prononcés. Sa chair est un peu coriace; cependant il peut servir à l'alimentation, aussi bien que le *fusipes*, avec lequel il à quelques rapports.

3°. *Lamelles non adhérentes au pédicule.*

Cette sous-section passe d'une manière insensible à la précédente, dont les dernières espèces, ainsi que les premières de celle-ci, ont presqu'indifféremment les lamelles adhérentes ou non-adhérentes au pédicule.

96°. *Agaric écarlate. Agaricus coccineus.* Pers.

La couleur jaune de toutes ses parties, le fait ressembler un peu au *sulfureus* ; mais le chapeau d'abord convexe, visqueux, s'étale et se déprime au centre ; il est d'un écarlate assez vif, puis il pâlit et devient gris en se desséchant. Il a de 1 à 3 pouces de diamètre, et surmonte un pédicule cylindrique ou comprimé, de la même couleur à son sommet, mais jaune au bas, long de 2 à 3 pouces, creusé irrégulièrement d'une cavité qui souvent ne pénètre pas jusqu'à son sommet, jaune à son intérieur, strié ou lisse. La chair est jaune, et les lamelles larges, inégales, de même teinte vers le bord du chapeau, sont rougeâtres vers le pédicule, auquel elles adhèrent à peine, en formant un léger crochet.

Ce joli champignon n'est pas rare dans les prés, les bois, en automne. Il ne possède ni odeur, ni saveur, et je crois qu'on pourrait l'employer ; cependant, comme mes expériences sont insuffisantes, on fera bien d'en user avec précaution.

97°. *Agaric nauséeux. Agaricus fastibilis.* Fries.

Un chapeau sinué, convexe, puis plane, visqueux par un temps humide, uni, varie du blanc au jaune paille, au fauve et au roux. Il est supporté par un pédicule ordinairement cylindrique, long de 2 à 3 pouces, plein, puis fistuleux dans toute son étendue, couvert, surtout en haut, de poils fins et visqueux, ou d'écailles, blanc ou chamois. La chair est blanche, assez épaisse, et porte des lamelles inégales, arrondies, qui se terminent, en se courbant régulièrement, dans l'angle du pédicule avec le chapeau ; elles sont d'un canelle clair, portent des sporules couleur de rouille, et distillent, par leur bord libre, des gouttelettes noires, d'une substance épaisse, brillante.

Il se trouve dans les taillis humides. Il n'a pas de goût prononcé ; mais son odeur nauséabonde, qui tient probablement en grande partie à sa localité, l'a fait regarder comme vénéneux. Aucun fait n'appuye cette assertion que je crois fausse ; mais comme rien n'invite à en manger, il sera prudent de s'en abstenir.

98°. *Agaric cartilagineux. Agaricus cartilagineus.* Bull.

La couleur de son chapeau contraste, d'une manière singulière, avec le reste de sa surface. Elle est d'un brun presque noir, lisse, convexe, les bords sont onduleux, inclinés en bas, quelquefois échancrés, et le diamètre varie de 2 à 3 pouces ; le pédicule à peu-près cylindrique, d'un blanc uni, ou strié de roux, est presque toujours courbé suivant sa longueur, plein, solide, sec ; il se continue avec la chair du chapeau qui est blanche, ferme, assez épaisse. Les lamelles grisâtres ou fauves, inégales, se courbent régulièrement en haut, vers le pédicule, auquel elles ne s'insèrent que peu ou point.

Ce nom ne convient guère aux individus que j'ai trouvés plusieurs fois, par groupes peu nombreux, dans les bois découverts, et surtout sur les lieux où on avait fait du charbon ; la chair était ferme et cassante, mais nullement cartilagineuse, et comme elle ne possédait ni odeur, ni saveur désagréables, je crois que l'espèce peut être employée avec avantage.

99°. *Agaric nud. Agaricus nudus.* Bull.

Le chapeau est d'abord fortement convexe, puis il devient presque plane ou même se déprime un peu vers le centre. Il a de deux à quatre pouces de large ; sa surface est lisse, presque satinée, d'un roux mêlé de plus ou moins de lilas, ce qui donne plusieurs nuances ; il est porté par un pédicule de un à trois pouces, épais de quatre à huit lignes, presque toujours lisse glabre et de la même couleur ; je l'ai cependant vu hérissé de poils violacés, disposés par touffes comme écailleuses. Il se renfle légèrement par le bas, et son intérieur est plein. Les lamelles, larges et inégales, d'un violet clair, se terminent par une courbe régulière dans l'angle du pédicule avec la chair, en adhérant à peine au premier. La chair est épaisse, surtout au centre, où elle a six à huit lignes; elle est blanche, assez ferme.

Ce champignon croît par groupes peu nombreux dans les taillis clairs ou sur le bord des routes des bois, pendant l'été et l'automne. Son odeur et sa saveur sont doux et agréables, et je me suis assuré que, malgré le silence de tous les auteurs sur les propriétés de cette espèce, on pouvait la manger avec plaisir et sans le moindre risque. On la prépare comme le champignon des couches.

100°. *Agaric des montagnes. Agaricus oreades.* Bolt.

Plus connu sous le nom de *pseudomouceron*, il a un chapeau convexe ou en bouclier, rarement plane, humide à sa surface, d'un roux pâle ou chamois, élastique, large de six à dix-huit lignes, à bord strié; le pédicule un peu renflé par en bas, lisse ou velu, jaunâtre, plein, fibreux solide, se tortille fortement par la dessication; (de là vient le nom de *tortilis*, donné par M. Decandolle à cette espèce); il est haut de un pouce et demi à trois, son centre est occupé par une chair molle, blanchâtre, continuë avec celle du chapeau, tandis que la surface est formée d'une écorce fibreuse, cassante, brillante. La chair du chapeau est assez solide, blanche ou jaunâtre, peu épaisse, et les lamelles fauves, inégales, très-larges, s'insèrent dans l'angle rentrant du pédicule avec le chapeau, en produisant sur le premier des stries bien manifestes et lui adhérant quelquefois légèrement.

Cette petite espèce, qui croît pendant toute l'année en grande abondance dans les prés, au milieu des gazons, solitaire, ou par troupes nombreuses, est douée d'une odeur faible, mais agréable, et d'un goût très prononcé, aromatique. Il est incapable de servir d'aliment par sa petitesse, mais il sert à parfumer les sauces, et beaucoup de personnes le font sécher pour l'hiver. On le connaît sous les noms de *mousseron d'automne*, *mousseron godaille*, *mousseron pied-dur*. M. Paulet conseille de le faire peu cuire, car son parfum très-volatil finirait par se perdre.

101°. *Agaric souris. Agaricus murinaceus.* Bull.

Champignon fort variable et par conséquent souvent difficile à reconnaître. Il est d'abord convexe en cloche, puis plane ou mamelonné, à bords déchirés ; la surface est d'un gris cendré et quelquefois couverte d'un épiderme desséché en petites écailles ; son diamètre varie de un à quatre pouces ; le pédicule, haut de un à quatre pouces cylindrique, ou le plus souvent difforme, est fibreux, plein, puis creux, gris au dehors, blanc en dedans, et se continue avec la chair du chapeau, qui est blanche, épaisse, surtout au centre, ferme, cassante. Les lamelles sont très-larges, très-épaisses, inégales, blanches, puis grises, épaisses, très-écartées les unes des autres, peu nombreuses, et se courbent en haut pour s'insérer dans l'angle du pédicule avec le chapeau.

Cette espèce n'est pas rare en automne, dans les bois, au milieu des mousses, des gazons secs ; elle possède une odeur assez désagréable, et cependant elle n'a aucune propriété délétère, en sorte que, sans son odeur, on pourrait, je crois, la manger sans crainte.

—————

Le nombre des agarics que je viens de décrire dans cette section, est assez considérable ; il eut pu l'être bien davantage, mais j'ai craint d'effrayer le lecteur par un cadre renfermant trop d'objets, je me suis borné à insister sur les principales espèces. Les personnes qui désireraient en connaître un beaucoup plus grand nombre, n'auront qu'à consulter les descriptions de MM. Persoon et Fries, et les figures de Bulliard, Schoeffer, Sowerby.

§. VII. PAS DE VOLVA, PÉDICULE NON MARGINAL, LAMELLES
INÉGALES, PAS DE SUC, PAS DE COLLIER, FEUILLETS
PASSANT AU NOIR.

Cette section, que je ne fais qu'indiquer, complète le
tableau des agarics. Elle est formée des *pratella*, sans
collier, de M. Persoon, et de ses *coprinus*. La distinction
de ces deux sous-genres, fondée sur la déliquescence du
chapeau dans le second, est si peu tranchée, que M. Fries a
établi un sous-genre intermédiaire, qu'il appele *coprinarius*.
S'il était vrai que les sporules fussent toujours disposés
quatre à quatre dans les coprins, ce caractère serait tran-
ché et important, mais il est au moins fort difficile à
apercevoir; je n'ai jamais pu le distinguer nettement.

Le changement de couleur d'un champignon inspire
presque toujours de la méfiance sur ses propriétés; cependant nous avons déjà vu que la chair de plusieurs
bolets devient bleue ou rose sans être vénéneuse, et le
champignon de couches a précisément pour caractère le
passage de ses lamelles au noir foncé. Les lamelles devenant
noires, ne sont pas davantage, pour cette septième section,
l'indice de mauvaise qualité. Tout le monde est d'accord
à ce sujet pour les champignons, dont le chapeau ne tombe
pas en déliquium tels que celui fig. 102; et si on ne les
emploie pas, c'est parce qu'ils sont trop petits, trop peu
charnus, ou trop rares; mais pour les champignons déliquescents, beaucoup d'auteurs les regardent comme
malfaisans, et M. Persoon dit que Sowerby a vu le *semi-
globatus* produire des accidens. D'un autre côté, quelques
auteurs assurent qu'on peut en manger sans danger. Je
n'en ai essayé qu'un, c'est le *typhoïdes*, fig. 103, que j'ai
mangé à divers âges, et même en déliquium, sans inconvénient; mais on conçoit que, quand ces champignons
forment un putrilage fétide ils peuvent déranger la digestion, occasionner des rapports désagréables, et l'usage
prolongé d'un semblable aliment déterminerait probable-

7

ment, comme celui de toutes les substances putrides, des symptômes scorbutiques de plus en plus graves.

Comme aucun des champignons de cette section n'est susceptible de servir de nourriture, parce que le chapeau n'est formé que d'une membrane mince, qui sert à fixer les lamelles, sans chair, je n'entrerai pas dans le détail des espèces, et je me bornerai à conseiller de les rejeter tous, quand on les rencontrera.

MORILLE. MORCHELLA. Dill.

Ce singulier genre présente, au lieu d'un véritable chapeau horizontal et plane, une masse irrégulière, arrondie, formée par le renflement du pédicule, creusée d'une vaste cavité à parois lisses, et qui se continue avec celle du pédicule; celui-ci est creux, sans volva, ni collier. La consistance du champignon est celle de la cire ou de la chair; la surface du corps qui remplace le chapeau, offre des saillies entrecroisées, qui circonscrivent des alvéoles larges, profondes, irrégulières, et elle est couverte d'un hyménium qui en suit tous les contours, et qui porte un grand nombre de theca cylindriques, renfermant 6 à 8 sporules en ligne droite. Cet hyménium ne se réduit pas en putrilage fétide, ce qui distingue les vrais champignons des *phalloïdées* qu'on en a séparées. Linnée confondait ces deux familles, et réunissait le genre qui nous occupe aux *phallus*.

Presque toutes les espèces croissent au printemps, elles ont peu de saveur, leur odeur est faible, mais agréable, on les mange dans tous les pays.

Elles ont été distribuées en 2 sections, suivant que la base de la masse charnue, formant chapeau est, 1° adhérente au pédicule, 2° ou libre; la seule espèce que nous possédions appartient à la première, on la nomme

104. *Morille alimentaire. Morchella esculenta.* Pers.

La masse qui représente le chapeau est sphérique, ovale

ou conique, blanche, grise, fauve ou brune, les alvéoles
sont anguleuses, presque carrées ou longues et étroites.
Le pédicule est épais, lisse, blanc, quelquefois pubescent, souvent renflé en bas, égal à la hauteur du chapeau,
creusé d'une vaste cavité, qui se continue avec celle du
chapeau.

Tout le champignon a de 2 à 4 pouces de haut : en
combinant les différentes formes avec les différentes couleurs, on pourrait former une foule de variétés; l'odeur
est faible, la saveur douce.

On la trouve assez souvent au printemps dans nos
bois, au bord des routes, surtout dans les lieux où l'on a
fait du charbon, elle dure peu de temps ; comme sa dessication est facile, on la conserve toute l'année dans cet
état. Il suffit d'en attacher les pédicules avec une corde,
que l'on tend dans un grenier où l'air circule facilement.
La morille est fort estimée, on la fait cuire avec du
beurre ou de l'huile, en humectant avec du bouillon ; on
peut aussi la farcir. Quand on veut employer les morilles
sèches, il suffit de les plonger dans de l'eau tiède, puis
de les passer à l'eau fraîche.

SUPPLÉMENT.

Je range ici les végétaux qui , compris autrefois sous la dénomination de champignons , en ont été séparés depuis pour former des familles voisines. Ils sont nombreux, mais comme il n'y a que deux genres qui nous offrent des espèces alimentaires , je me bornerai à eux.

TRUFFE , TUBER. Bull.

Aucune espèce ne croît dans nos environs. Je devrais , par conséquent, la passer sous silence ; mais comme on en emploie très - fréquemment dans les grandes villes , il ne sera pas sans intérêt de décrire ses caractères et ses propriétés.

Le genre truffe se distingue de tous les autres par sa masse charnue, globuleuse, irrégulière , renfermant un suc peu abondant, tombant en putrilage sans fournir de poussière , et croissant toujours sous terre.

La fructification que j'ai examinée dans l'espèce noire , consiste en une foule de gros theca sphéroïdes, renfermant de 1 à 5 sporules , le plus souvent 3. Ils sont disséminés en grand nombre dans le parenchyme.

Il est le type des *tuberculaires* et doit être distingué du genre *lycoperdon* avec lequel Linnée l'avait réuni.

105. *Truffe alimentaire. Tuber cibarium.* Bull.

Elle est facile à reconnaître par sa masse arrondie, noire, couverte de petites éminences prismatiques. Suivant M. Decandolle, il faut un an pour qu'elle se développe. D'abord rougeâtre ou violette, de 2 à 3 lignes de diamètre, elle grossit et devient pourpre à l'extérieur, blanche à l'intérieur, puis noire, couverte de saillies prismatiques, la chair étant encore blanche. C'est alors qu'on l'appèle *truffe d'été*, parce qu'elle se récolte en juin. Puis sa chair se veine de gris, de noir, et, lorsqu'en novembre ou décembre, elle est devenue toute noire marbrée de gris, elle ne tarde pas à se réduire en une bouillie épaisse. Parvenue à son plus grand développement, elle a le volume d'une noix, d'un œuf, rarement du poing.

On la trouve dans les forêts de châtaigniers ou de chênes, et dans les terres légères. On vante surtout celles du Périgord. Il est inutile de décrire la manière de les récolter; on sait qu'on se sert pour cette opération, de cochons auxquels on pourrait appliquer le fameux *Sic vos non vobis* de Virgile; mais je crois important d'indiquer leurs différens modes de conservation. Le plus simple est la dessication; on choisit pour cela les truffes d'été, qu'on coupe en tranches minces et qu'on expose à l'ombre, au soleil ou dans un four qui a l'inconvénient de volatiliser leur arôme encore faible; mais pour les truffes mûres, on les brosse sans les laver, et on les met dans de la terre sèche, dans de l'argile en poudre ou dans du sable fin. Les poudres végétales, le son, en absorbant l'humidité des truffes, s'altèrent, fermentent, et les gâtent; on peut encore les plonger dans divers liquides, tels que l'eau-de-vie, l'huile; mais la macération leur enlève tout leur parfum qui reste dans le liquide. L'eau salée et le vinaigre les conservent mal et les privent de tout leur arôme. Les corps gras hâtent leur décomposition, selon M. Parmentier; ce sont cependant ces substances qu'emploient les marchands de comestibles, qui les gardent toute l'année dans de l'huile ou dans de la graisse, et renfermées dans des vases cachetés.

Les truffes ont toujours été regardées, à juste titre, comme un aliment indigeste. La solidité de leur chair fait éprouver trop de résistance à l'action de l'estomac. Elles sont encore bien plus difficiles à digérer, quand on les a récoltées de bonne heure. Le parfum qu'elles renferment, est faible quand leur chair est blanche, mais il a beaucoup d'intensité, quand elles sont mûres. Il paraît dû à une substance qu'on peut isoler de la chair par divers procédés. Nous avons vu que la simple macération dans le liquide l'enlevait, la décoction s'en empare plus promptement, et, en évaporant le liquide à une douce chaleur, on obtient un extrait brun qui possède toutes les propriétés arômatiques de la truffe sans en avoir l'indigestibilité.

Cette substance arômatique d'une saveur et d'une odeur qui plaît à beaucoup de personnes, et déplaît à un assez grand nombre, est tonique, fortifiante, rend aux estomacs affaiblis une nouvelle vigueur, augmente les forces de l'homme, et même est, dit-on, aphrodisiaque. Elle paraît fortement azotée, car sa distillation fournit beaucoup de carbonate d'ammoniaque ; la chair de la truffe contient en outre une fécule assez abondante.

On mange ce végétal cuit sous la cendre ou cuit dans le vin. Il sert à farcir les volailles qu'il pénètre de son parfum. On le fait entrer dans les pâtés de foies gras des oies ou des perdrix, dans les ragoûts, on en fait des crêmes. Selon M. Balbis, les Piémontais mangent les truffes crues en salade. Le meilleur assaisonnement est, d'après M. Paulet, un mélange d'huile et de vin.

VESSE-LOUP, LYCOPERDON. Bull.

Ce genre est fort différent du précédent, il est le type de la famille des *lycoperdonnées*, réunie autrefois, ainsi que la précédente, aux *champignons*.

Le caractère de ce genre est d'avoir ses sporules adhérents à de nombreux filamens entremêlés irrégulièrement, et renfermés dans une seule enveloppe qui se déchire à la maturité pour les laisser sortir. Cette enveloppe qu'on a appelée *peridium*, est attachée immédiatement aux corps qui lui donnent naissance. (Quelques genres ont plusieurs peridium insérés sur une membrane mince, étendue sur

ces corps et qu'on a nommée *subiculum.*) Ce peridium,
dans les lycoperdon, forme un sac globuleux ou ovoïde
dont l'extérieur est farineux, écailleux, granuleux ou verru-
queux : il est d'abord blanchâtre, puis il devient gris ou brun.
Dans son premier âge, tout le champignon paraît homo-
gène, formé d'une chair blanche, un peu molle, cotonneuse, alors on peut le manger sans inconvénient ; plus
tard, en même temps qu'il grossit, le centre devient gris
ou brun et se change en des milliers de sporules entremêlés de leurs filamens, et alors le champignon paraît doué
d'une action délétère assez forte ; enfin le péridium se dessèche, se déchire à son sommet, et les sporules, détachés
de leurs filamens, s'élancent au dehors. Ces sporules n'ont
ni goût, ni odeur marqués, et cependant ils peuvent déterminer des rhumes de cerveau, des ophthalmies légères, par
leur contact sur la membrane muqueuse du nez ou sur
la conjonctive.

Nous possédons, dans nos environs, une trentaine d'espèces de lycoperdon qui, toutes, jouissent des mêmes propriétés ; mais les plus importantes sont les deux suivantes.

106. *Vesse-loup gigantesque. Lycoperdon giganteum.* **Bats.**

Cette espèce qui peut avoir jusqu'à 2 pieds de diamètre,
est globuleuse ou un peu aplatie, presque sessile, blanche,
puis cendrée à sa surface, lisse ou tomenteuse, fendillée
à sa partie supérieure.

Quand sa chair est blanche, elle a, dit-on, le goût de
champignon, et n'est pas dangereuse ; ce qui, joint à son
volume et à son poids dépassant quelquefois 8 ou 10 liv.,
doit la faire rechercher, mais elle est cotonneuse. Dès
que sa chair devient grise, elle peut déterminer des accidens plus ou moins graves, des vomissemens, des coliques.
Enfin, quand la poussière est mûre, la partie la plus épaisse
du péridium peut servir à faire de l'amadou.

On la trouve dans les bois, sur la terre où elle adhère
par des racines dont la petitesse est disproportionnée à sa

taille; aussi, dès qu'elle est vide, elle devient promptement le jouet des vents, en raison de sa légèreté. C'est la
vesse-loup citrouille de M. Paulet à laquelle il faut joindre
sa *vesse-loup tête d'homme ou crâne*, qui n'en est qu'une variété assez lisse, blanche et couverte de quelques plis
partant du pédicule.

105. *Vesse-loup ciselée. Lycoperdon cælatum.* Bull.

Le péridium, fort gros en haut, se rétrécit en bas en
un pédicule épais, court et terminé par de grosses racines
qui le fixent au sol. Sa surface est blanche, puis cendrée,
enfin brune, couverte de pointes nombreuses brunes, et
crevassée à son sommet en polygones irréguliers. Son diamètre varie de 5 à 6 pouces. La chair blanche se change en
une masse brune, pulvérulente, entremêlée de filamens et
qui n'occupe que les deux tiers supérieurs du champignon.
La base reste pleine.

La chair blanche peut être mangée, et, quand le champignon est vide, sa partie inférieure peut servir à faire
de l'amadou. Plus commune que la précédente, cette espèce se trouve également vers la fin de l'été, dans les
forêts, sur la terre.

Toutes les autres espèces qui atteignent rarement deux
pouces de haut, sont bien moins utiles; on peut les employer à la nourriture, indifféremment les unes pour les
autres, avec les mêmes précautions que les précédentes;
mais elles n'ont rien de flatteur.

SYNONIMIE.

On entend par ce mot, la partie de l'histoire naturelle qui s'occupe de rapporter au même être tous les noms qui lui ont été donnés par les différens auteurs. Cette connaissance est fort aride, c'est une science de mots, et cependant elle est très-importante ; en effet nous avons vu dans l'avant-propos de cet ouvrage que le même nom a souvent été donné à plusieurs espèces de champignons, tandis que la même espèce a reçu plusieurs noms. Il faut les connaître afin d'éviter des erreurs continuelles et afin de pouvoir consulter les divers auteurs qui ont écrit sur cet ordre de végétaux. J'ai tâché, à la vérité, d'éviter à mes lecteurs la nécessité de ces recherches, en rendant mes descriptions aussi complètes que possible, mais pour les figures je n'ai pu éviter cet inconvénient. Il faudrait souvent vingt ou trente figures différentes pour donner une idée nette de toutes les modifications que peut présenter une seule espèce, ce qui eut rendu ce traité beaucoup trop considérable ; j'invite donc les personnes qui pourront en avoir le loisir, à consulter le plus de figures qu'ils pourront dans les différens auteurs ; on ne saurait trop en voir.

Il m'eut été facile d'accumuler pour chaque espèce une foule de synonimes d'auteurs anciens, peu connus ou difficiles à se procurer. J'ai cru devoir me borner aux ouvrages suivants.

Schœffer. *Fungorum qui circa Ratisbonem nascuntur icones*, 4 vol. in-4°, 1762–1770.

Bulliard. *Histoire des champignons de la France*, tome 1er, in-4° 1791, 2 vol. in-4° de planches.

Delamarck et Decandolle. *Flore française*. 3ᵉ édition,
5 vol. in-8°, 1805, avec un sixième volume supplémen-
taire et le millésime 1815, ou *Synopsis plantarum*, etc.
1 vol. in-8°, 1806. Ces deux ouvrages offrant les mêmes
numéros d'espèces, j'ai pris ceux-ci de préférence à la pa-
gination. M. Mérat dans sa *Nouvelle Flore des environs de
Paris*, 2 vol. in-18, 1821, ayant pris les mêmes noms,
je ne l'ai cité nulle part.

Paulet. Planches grand in-4°. 27 livraisons paraissant à
de longs intervalles. (Les noms que ce botaniste a donnés
dans son traité des champignons, ne peuvent être regardés comme scientifiques.

Persoon. *Mycologia europæa*, in-8°, 1822, 25. Les agarics n'ayant pas encore paru, j'ai cité pour ce genre, la
synonimie de son *Synopsis fungorum*, 1801.

Fries. *Systema mycologicum*, in-8°, 1821, 22, 23. Ouvrage qui n'est pas encore terminé.

Avec ces auteurs, et surtout avec le dernier, on trou-
vera facilement tous les autres synonimes.

Nota. Le signe — précédant un seul nom remplace le
nom du genre qui est immédiatement avant. v., volume.
t., table ou planche. p., page. f., figure.

1. *Helvella mitra* Bull. p. 298, t. 190. Dec. n° 243. Pers.
   myc., v. 1., p. 210. — *lacunosa*, Fri., v. 2, p. 15. *Elvela
   monacella*, Schœf., t. 162. — *nigricans*. Schœf. t. 154.

2. *Helvella leucophæa*. Pers. myc. v. 1, p. 210. — *mitra*
   var. *alba*. Bull., p. 298., t. 466. Dec., n° 243 —
   crispa, Fri., v. 2, p. 14. *Elvela pallida*, Schœf. t. 282.

3. *Helvella elastica*. Bull., p. 299, t. 242. Dec. n.° 244, Fri.
   v. 2, p. 21. — *albida*. Pers. myc., v. 1, p. 213, *Elvela fu-
   liginosa*. Schœf. t. 320.

4. *Peziza acetabulum*. Bull., p. 267, t. 485, f. 4, Dec. n°. 219,
   Pers. myc., v. 1, p. 218, Fri. v. 2, p. 6.

5. *Peziza coccinea*. Bull., p. 269, t. 474. Dec. n. 224. — *au-
   rantiaca*, Pers. myc., v. 1, p. 222. — *aurantia* Fri. v. 2,
   p. 49, *Elvela coccinea* Schœf, t. 148.

6. *Peziza cochleata* Bull, p. 268, t. 154, a , b, Dec. n.º 229,
Fri. v. 2, p. 50. — *umbrina* Pers, myc. v. 1, p. 220. —
alutacea Pers. myc., v. 1, p. 221. *Elvela ochroleuca* Schœf.
t. 274. — *ochracea* Schœf. t. 155.

7. *Tremella mesenterica* Pers myc. v. 1, p. 99. Fri. v. 2,
p. 214. — *mesenteriformis*, var. *lutea* Bull., p. 230, t. 406.
B , D , T. Dec. n.º 240. — *chrysocoma*, Bull. t. 174. *Elvela
mesenterica* Schœf., t. 168.

8. *Tremella glandulosa* Bull., p. 220, t. 420, f. 1. Dec.
n°. 235. — *spiculosa* Pers. myc. v. 1, p. 102. *Exidia glandulosa* Fri. v. 2, p. 224.

9. *Clavaria pistillaris* Bull., p. 211, t. 244, Dec. n.º 248,
Schœf, t. 169, Pers. myc. v. 1, p. 174, Fri., v. 1,
p. 477.

10. *Clavaria alba*, Pers. myc., v. 1, p. 161, (non 175)—
coralloïdes Bull., p. 201, t. 496. L, M, P, Fri. v. 1,
p. 467, Dec. n.º 262.

11. *Clavaria flava* Schœf, t. 175, Pers. myc. eur. v. 1,
p. 162, Fri. v. 1, p. 467. — *flavescens* Schœf, t. 285 —
aurea. Schœf. t. 287. — *coralloïdes*, var. *lutea*. Bull. p. 201,
t. 222, 496. f. o, Q. Dec. n°. 262.

12. *Clavaria cinerea*. Bull., p. 204, t. 354. Dec., n.º 263.
Fri., v. 1, p. 468. — *fuliginea*. Pers. myc., v. 1,
p. 166.

13. *Clavaria amethystea*. Bull., p. 200, t. 496, f. 2. Dec,
n°. 264. Pers. myc., v. 1, p. 165. — *amethystina*. Fri.
v. 1, p. 472. — *purpurea*. Schœf. t. 172.

14. *Hericium ramosum*. — *coralloïdes*. Pers. myc., v. 2,
p. 150. *Hydnum ramosum*. Bull., p. 305, t. 390. — *coralloïdes*. Schœf, t. 142. Fri. v. 1, p. 408. Dec. n°. 283.

15. *Hericium caput medusæ*. Pers. myc., v. 2, p. 154.
Clavaria caput medusæ. Bull., p. 210, t. 412. *Hydnum
caput medusæ*. Fri., v. 1, p. 409. Dec. n°. 281.

16. *Hericium erinaceus* Pers. myc. v. 2. p. 153. *Hydnum erinaceus*. Fri. v. 2. p. 207. Bull. pc 304. t. 34. Dec. n° 282.

17. *Hydnum repandum*. Bull. p. 311. t. 172. Déc. n° 292.

Pers. myc. v. 2. p. 160. Fri., v. 1, p. 402. — *flavidum*. Schœf., t. 318. — *rufescens*. Schœf., t. 141. — *squamosum*. Schœf., t. 273. *Hypothele repanda*. Pau., t. 35, f. 1, 2.

18. *Hydnum subsquamosum*. Fri., v. 1, p. 399. — *squamosum*. Bull., p. 310, t. 409. — *badium* Var. B. Pers, myc., v. 2, p. 155. — *imbricatum*. Schœf., t. 140. *Scutiger subsquamosus* Pau., t. 33, f. 1.

19. *Hydnum auriscalpium*. Schœf., t. 143. Bull., p. 303, t. 481, f. 3 Déc., n° 288. Pers. myc., v. 2, p. 172. Fri., v. 1., p. 406. *Scutiger auriscalpium*. Pau., t. 33, f. 4.

20. *Hypodrys hepaticus*. Pers. myc., p. 148. *Boletus hepaticus* Schœf., t. 116, 117, 118, 119, 120. Bull., t. 74. Déc. n° 297. *Fistulina buglossoides*. Bull. p. 314, t. 464, 497. — *hepatica*. Fri., v. 1, p. 396. *Dendrosarcos hepaticus*. Pau., t. 12.

21. *Polyporus juglandis*. Pers. myc., v. 2, p. 38. — *ulmi* Pau. *Boletus juglandis*. Bull., p. 344, t. 19. Schœf., t. 101, 102. Dec. n°. 320. *Boletus polymorphus*. Bull., p. 344, t. 114. *Polyporus favolus squamosus*. Fri., v. 1, p. 343.

22. *Polyporus dissectus*. Pas de synonimie, puisque je le crois nouveau.

23. *Polyporus giganteus*. Pers. myc., v. 2, p. 47. Fri. v. 1, p. 356. *Boletus mesentericus*. Schœf., t. 267. — *acanthoides*. Bull., p. 337, t. 486. Dec. n°. 322.

24. *Boletus subtomentosus*. Pers. myc., v. 2, p. 138. Fri., v. 1, p. 389. — *communis*. Bull., t. 393. — *chrysenteron*. Bull., p. 328, t. 490, f. 3. Dec. n°. 335. — *crassipes*. Schœf., t. 112. — *cupreus*. Schœf., t. 133.

25. *Boletus lividus*. Bull., p. 327, t. 490, f. 1. Fri., v. 1, p. 389. Pers. myc., v. 2, p. 128. — *chrysenteron* var. B. Dec, n.° 335.

26. *Boletus piperatus*. Bull., p. 318, t. 451, f. 2. Fri. v. 1, p. 388. Pers. myc., v. 2, p. 128. Dec. n.° 334.

27. *Boletus cyanescens.* Bull., p. 379, t. 369. Dec. n°. 333. Fri. v. 1, p. 395. Pers. myc., v. 2, p. 135.

28. *Boletus castaneus.* Bull., p. 324, t. 328. Fri. v. 1, p. 392. Pers. myc., v. 2, p. 137. Dec. n°. 331.

29. *Boletus felleus.* Bull., p. 325, t. 379. Fri. v. 1, p. 394. Pers. myc., v. 2, p. 136. Dec. n°. 332.

30. *Boletus edulis.* Bull. p. 322, t. 60, 494. Dec. n°. 330. Fri. v. 1, p. 392, — *bulbosus.* Schœf., t. 134, 135, — *esculentus.* Pers. myc., v. 2, p. 131.

31. *Boletus æreus.* Bull. p. 321. t. 385. Fri. v. 1. p. 393. Pers. myc. v. 2. p. 137. Déc. n° 329.

32. *Boletus luridus.* Schœf. t. 107. Fri., v. 1, p. 391. Pers. myc., v. 2, p. 132. — *rubeolarius.* Bull. p. 326. t. 490. f. 1. Dec. n° 328. *Tubiporus cepa.* Pau., t. 176. — *livido-rubricosus.* Pau., t. 177. t. 23.

32 bis. *Boletus tuberosus.* Pers. myc., v. 2, p. 133 ? — *oli-vaceus.* Schœf. t. 105.

33. *Boletus scaber.* Bull., p. 319. t. 132, 489. f. 1 Déc. n° 336. Pers. myc., v. 2, p. 146. Fri., v. 1. p. 393, var. c. f. — *bovinus.* Schœf., t. 104. — *rufus.* Schœf., t. 103. — *aurantiacus.* Bull., t. 489. f. 2.

34. *Boletus aurantiacus.* Bull., p. 320, t. 236. Pers. myc., v. 2, p. 147. Fri., v. 1, p. 393, var. c, d. Dec. n° 337.

35. *Merulius cantharellus.* Pers. myc., v. 2, p. 11. Dec., n° 341. *Agaricus cantharellus.* Schœf., t. 82. Bull., t. 62, 505. f. 1. *Cantharellus cibarius.* Fri., v. 1, p. 318. *Hyponevris cantharellus.* Pau., t. 36.

36. *Agaricus vaginatus.* Bull., t. 98. 512. Fri., v. 1, p. 14. Dec. n° 568. — *plumbeus.* Schœf., t. 85. 86. — *hyalinus.* Schœf., t. 244. — *badius.* Schœf., t. 245. — *fulvus.* Schœf., t. 95. *Amanita livida.* Pers. syn., p. 247. — *spadicea.* Pers. syn., p. 248. *Hypophyllum saccharatum.* Pau., t. 151, f. 1.

37. *Agaricus niveus. Hypophyllum niveum.* Pau., v. 2, t. 156 bis.

38. *Agaricus aurantiacus.* Bull., t. 120. Dec. n° 561. —

cæsareus. Schœf., t. 247, 258. Fri., v. 1, p. 15. *Amanita auruntiaca.* Pers. syn., p. 252. — *cœsarea.* Pers. syn., p. 252. *Hypophyllum cœsareum.* Pau., t. 154.

39. *Agaricus ovoideus.* Bull. t. 364. Fri. v. 1. p. 15.

40. *Agaricus vernus.* Bull. t. 108. Dec. n° 565. Fri. v. 1. p. 13. *Amanita verna.* Pers. syn., p. 250. *Hypophyllum virosum.* Pau., t. 156, f. 3, 4.

41. *Agaricus bulbosus.* Bull., t. 2, 577. Schœf., t. 241. Dec. n.° 564, — *citrinus.* Schœf., t. 20, *Amanita bulbosa* Pers. syn. p. 251. — *citrina.* Pers. syn., p. 251. — *viridis* Pers. syn., p. 251, *Hypophyllum virosum*, Pau., t. 155, 156. f. 2.

42. *Agaricus muscarius.* Schœf., t. 27, 28. Dec. n°. 561. Fri. v. 1, p. 16. — *pseudo-aurantiacus.* Bull., t. 122. *Amanita muscaria.* Pers. syn., p. 253. — *formosa.* Pers. id. — *puella.* Pers. syn., p. 253. *Hypophyllum muscarium*, pau., t. 57.

43. *Agaricus verrucosus.* Bull., t. 316. — *asper.* Fri., v. 1, p. 18. Dec n°. 559. — *rubescens.* Fri., v. 1, p. 18. — *pustulatus.* Schœf., t. 91. — *myodes.* Schœf., t. 261. — *guttatus.* Schœf., t. 240, *Amanita rubescens.* Pers. syn. p. 254. — *aspera.* Pers. syn., p. 256, *Hypophyllum maculatum.* Pau., t. 159, f. 1, 2, 3.

44. *Agaricus crux melitensis. Hypophyllum crux melitensis.* Pau, t. 152, f. 1.

45. *Agaricus solitarius.* Bull., t. 10, 593. Dec. n°. 560. Fri, v. 1, p. 17, *Amanita procera.* Pers.

46. *Agaricus stipticus.* Bull., t. 140, 557, f. 1. Dec. n. 361. Pers. syn. p. 481. Fri., v. 1, p. 188. — *semi petiolatus.* Schœf., t. 208.

47. *Agaricus dimidiatus.* Bull., t. 517, 508. — *flabelliformis.* Schœf., t. 43, 44. — *inconstans.* Pers. syn. p. 475. Dec. n. 364.

48. *Agaricus pectinaceus.* Bull., t. 509. Dec, n. 369. — *ruber.* Schœf., t. 92. — *cyanoxanthus.* Schœf., t. 93. — *virescens.* Schœf., t. 94, — *ochroleucus.* Pers. syn., p. 443.

Hypophyllum album. Pau., t. 73, f. 1.— *lilacinum* Pau.,
t. 73, f. 2. — *integrum*, Pau, t. 74. — *luteo album*. Pau.,
t. 76, f. 4. — *livescens*. Paul., t. 75, f. 1, ad. 5.

49. *Agaricus emeticus*. Schœf., t. 15, 16. Fri. v. 1, p. 56.
Pers. syn., p. 439, et quelques figures de la planche 509
de Bull., que je ne puis indiquer n'ayant aucunes notions sur leur saveur.

50. *Agaricus ruber*. Fri., v. 1, p. 58. Dec. n° 372. — *san-
guineus*. Bull., t. 42. — *roseus*, Pers. syn.

51. *Agaricus piperatus*. Bull., t. 292. — *fœtens*. Fri. v. 1,
p. 59. Pers. syn., p. 443. Dec. n. 370.

52. *Agaricus furcatus*. Dec. n° 371 Fri., v. 1, p. 59. Pers.
syn. p. 446. — *bifidus*. Bull., t. 26.

53. *Agaricus dycmogalus*. Bull., t. 584. Dec. n° 374.

54. *Agaricus acris*. Bull., t. 200, Dec. n.° 373. — *piperatus*. Fri., v. 1, p. 76. Pers. syn. p. 429. — *amarus*.
Schœf., t. 83, *Hypophyllum piperatum*, Pau. t. 68.

55. *Agaricus plumbeus*. Bull., t. 282, 559, f. 2. Dec. n° 382.
Fri., v. 1, p. 73. Pers. syn. p. 435. — *nigrescens*. Pers.
syn., p. 436, *Hypophyllum umbrinum*. Paul., t. 69, f. 1
— *nigrum*. Pau., t. 69, f. 2.

56. *Agaricus pyrogalus*. Bull., t. 529, f. 1. Pers. syn., p.
436. Fri., v. 1, p. 74. Dec., n. 377.

57. *Agaricus subdulcis*. Bull., t. 224, A, B. Dec. n. 381.
Pers. syn., p. 433. Fri., v. 1, p. 70. — *rubescens* Schœf.
t. 73. — *camphoratus*. Bull., t. 567, f. 1.

58. *Agaricus controversus*. Pers. syn., p. 430. Fri., v. 1,
p. 62. — *acris* var. A. Bull., t. 538. Dec. n°. 373.

59. *Agaricus torminosus*. Schœf., t. 12. Pers. syn., p. 430.
Fri. v. 1, p. 63. — *necator*. Bull., t. 529, f. 1. Dec,
n° 380. *Hypophyllum villosum*. Pau .t. 70. f. 12

60. *Agaricus scrobiculatus*. Fri., v. 1, p. 62. Schœf.,
t. 227, 228.

61. *Agaricus necator*. Bull., t. 14. Pers. syn., p. 435.
Fri., v. 1, p. 64. Dec. n° 380. *Hypophyllum torminosum*.
Pau., t. 69 *bis?*

62. *Agaricus thejogalus.* Bull., t. 567, f. 2. Pers. syn., p. 431. Fri., v. 1, p. 71. Dec. n° 376.

63. *Agaricus deliciosus.* Schœf., t. 11. Fri, v. 1, p. 67. Dec. n° 379.

64. *Agaricus campestris.* Schœf., t. 33. Pers. syn, p. 418. Fri., v. 1, p. 281. — *edulis.* Dec. n° 418. Bull., t. 134, 514. Pers. syn. — *arvensis.* Schœf. t. 310, 311. *Hypophyllum campestre.* Pau., t. 130. — *globosum.* Pau., t. 133.

65. *Agaricus amarus.* Bull., t. 30, 562. Dec. n° 412. — *lateritius* Schœf., t. 49, f. 6. Pers. syn., p. 421. Fri., v. 1, p. 288. *Hypophyllum fasciculare.* Pau., t. 108.

66. *Agaricus pulverulentus.* Bull., t. 178. Dec. n° 411. — *fascicularis.* Pers. Fri., v. 1, p. 288. — *lateritius.* Schœf, t. 49, f. 1, 2, 3, 4. *Hypophyllum sulphuratum.* Pau., t. 107.

67. *Agaricus aureus.* Bull., t. 92. Dec. n° 549. Pers. syn., p. 269. Fri., v. 1, p. 241. *Hypodendrum crocco-sulphureum.* Pau., t. 147.?

68. *Agaricus castaneus.* Bull., t. 268, 527. f. 2. Pers. syn. p. 298. Fri., v. 1. p. 235. Dec. n° 556.

69. *Agaricus violaceus.* Fri., v. 1. p. 217. — *hercinicus.* Pers. syn., p. 277. — *araneosus.* Bull., t. 250, 598. f. 2. A. Dec. n° 534.

70. *Agaricus polymyces.* Pers. syn., p. 269. — *annularius.* Bull., t. 377, 540., f. 3 Dec. n° 548. — *obscurus* Schœf., t. 74. — *melleus.* Fri., v. 1, p. 30. *Hypophyllum polymyces.* Pau., t. 148.

71. *Agaricus colubrinus.* Bull., t. 78, 583. — *procerus.* Schœf., t. 22, 23. Pers. syn. p. 257. Dec. n° 558. Fri., v. 1, p. 20. — *excoriatus.* Schœf., t. 18, 19. Fri. v. 1, p. 21. *Hypophyllum columella.* Pau. t. 135.

72. *Agaricus clypeolarius.* Bull. t. 405, 506. f. 2. Dec. n° 557. Fri. v. 1. p. 21. — *colubrinus.* Pers. syn. p. 258. — *felinus.* Pers. syn. p. 261. *Hypophyllum colubrinum.* Pau. t. 136.

73. *Agaricus infundibuliformis.* Bull. t. 286, 553. Schœf.

ɬ. 212. Dec. n° 453. — *flaccidus.* Fri. v. 1. p. 81.— *suavis.* Pers.

74. *Agaricus contiguus.* Bull. t. 240, 576. f. 2. Dec. n° 456. —*involutus.* Fri. v. 1. p. 271. Pers. syn. p. 448.

75. *Agaricus nebularis.* Pers. syn. p. 349. Fri. v. 1. p. 86. —*pileolarius.* Bull. t. 400. Dec. n° 461.

76. *Agaricus eryngii.* Fri. v. 1. p. 84. Dec. n° 462. bis. *Hypophyllum eryngii.* Pau. t. 39.

77. *Agaricus eburneus.* Bull. t. 18,551. f. 2. Dec. n° 466. Pers. syn. p. 364. Fri v. 1. p. 33. — *lacteus.* Schœf. t. 39.

78. *Agaricus virgineus.* Pers. syn. p. 456. Fri. v. 1. p. 100.— *ericeus.* Bull. t. 188.—*ericetorum.* Bull. t. 551. f. 1. Dec. n° 467. — *niveus.* Schœf. t. 232.

79. *Agaricus pratensis.* Pers. syn. p. 304. Fri. v. 1. p. 99.— *ficoides.* Bull. t. 587. f. 1 Dec. n° 463. — *ericetosus.* Bull. t. 46g. — *miniatus* Schœf. t. 313.—*clavæformis.* Schœf. t. 367. — *vitulinus.* Pers. syn. p. 305.

80. *Agaricus prunulus.* Pers. syn. p. 457. Fri. v. 1 p. 193. — *albellus.* Schœf. t. 78. Dec. n° 470.—*mouceron.* Bull. t. 142.—*pallidus.* Schœf. t. 50. *Hypophyllum aromaticum.* Paul. t. 95. f. 1. à 8.

81. *Agaricus orcellus.* Bull. t. 573. f. 1, 591. Pers. syn. p. 473. Fri. v. 1. p. 180. Dec. n° 367.

82. *Agaricus gymnopodius.* Bull. t. 601.

83. *Agaricus ulmarius.* Bull. t. 510. Pers. syn. p. 473. Fri. v. 1. p. 186. Dec. n° 368.

84. *Agaricus tesselatus.* Bull. t. 513. f. 1. Pers. syn. p. 474 Fri. v. 1. p. 186. Dec. n° 366.

85. *Agaricus adustus.* Pers. syn. p. 459. Fri. v. 1. p. 60. — *nigricans.* Bull. t. 212, 579. f. 2. Dec. n° 413.

86. *Agaricus anisatus.* Pers. syn. p. 323. — *odorus.* Bull. t. 176, 556. f. 3. Fri. v. 1. p. 90. Dec. n° 468.

87. *Agaricus œneus.* Pas de synonimes.

88. *Agaricus cryptarum.* Pas de synonimes.

89. *Agaricus sulfureus.* Bull. t. 168, 545. f. 2. Dec. n° 490. Fri. v. 1. p. 110. Pers. syn. p. 322.

8

90. *Agaricus leucocephalus*. Bull. t. 428. f. 1, 536. Dec. n° 508.

91. *Agaricus columbetta*. Fri. v. 1. p. 44. *Hypophyllum columnare*. Pau. t. 64.

92. *Agaricus fusipes*. Bull. t. 106, 516. f. 2. Dec. n° 472 Pers. syn. p. 312. Fri. v. 1. p. 120. — *crassipes*. Schœf. t. 87, 88. *Hypophyllum fusipes*. Pau. t. 51.

93. *Agaricus rimosus*. Bull. t. 388, 599. Pers. syn. p. 310. Fri. v. 1. p. 258. Dec. n° 517.

94. *Agaricus urens*. Bull. t. 528. f. 1. Dec. n° 495. Pers. syn. p. 333. Fri. v. 1. p. 232.

95. *Agaricus fusiformis*. Bull. t. 76. Dec. n° 475. — *œdematopus*. Schœf. t. 259. Fri. v. 1. p. 96.

96. *Agaricus coccineus*. Pers. syn. p. 354. Fri. v. 1. p. 105. Dec. n° 500. — *scarlatinus*. Bull. t. 570. f. 2.

97. *Agaricus fastibilis*. Pers. syn. p. 326. Fri. v. 1. p. 249. — *crustulliformis*. Bull. t. 308, 546. Dec. n° 514. — *gilvus*. Schœf. t. 221.

98. *Agaricus cartilagineus*. Dec. n° 506. Bull. t. 589. f. 2. Pers. syn. p. 356. Fri. v. 1. p. 46.

99. *Agaricus nudus*. Bull. t. 439. Pers. syn. p. 277. Fri. v. 1. p. 52. Dec. n° 527.

100. *Agaricus oreades*. Fri. v. 1. p. 127. — *tortilis*. Dec. n° 525. — *pseudo-mouceron*. Bull. t. 144, 528. f. 2. — *caryophyllœus*. Schœf. t. 77. — *collinus*. Pers. syn. p. 330. — *Hypophyllum odoratum*. Pau. t. 103.

101. *Agaricus murinaceus*. Bull. t. 520. Dec. n° 505. Fri. v. 1. p. 116. — *nitratus*. Pers. syn. p. 356.

102. *Agaricus plicatus*. Bull. t. 80. Schœf. t. 31. — *striatus*. var. B. Dec. n° 404.

103. *Agaricus typhoides*. Bull. t. 16, 582. f. 2. Dec. n° 383. — *porcellaneus*. Schœf., t. 46, 47. — *comatus*. Pers. syn. p. 395. — *coprinus comatus*. Fri. v. 1., p. 307. *Hypophyllum. typhoides* Pau., t. 128.

104. *Morchella esculenta*. Pers., myc., v. 1., p. 206. Dec. n° 571. Fri., v. 2., p. 6. *Phallus esculentus*. Schœf.

t. 199, 298, 299, 300. Bull. p. 273, t. 218. f. a, b, c, d.

105. *Tuber cibarium.* Bull. p. 74, t. 356. Pers. syn., p. 126. Fri. v. 2, p. 290. Dec. n° 747.

106. *Lycoperdon giganteum.* Dec. n° 712. — *bovista.* Bull., p. 154, t. 447. — *maximum.* Schœf., t. 191.

107. *Lycoperdon cœlatum.* Dec. n° 713. Bull. p. 156. t. 430. —*bovista.* Pers. — *gemmatum.* Schœf. t. 189.

TABLE

DES

ORGANES DES CHAMPIGNONS

ET DE LEURS MODIFICATIONS.

TABLE

DES

NOMS BOTANIQUES DES CHAMPIGNONS,

EMPLOYÉS PAR SCHŒFFER, BULLIARD, DECANDOLLE, PAULET,

PERSOON, FRIES.

	N⁰ˢ. Pag.			N⁰ˢ. Pag.
Ulmi.	21 47	Mesenteriformis.		7 39
SCUTIGER.		Spiculosa.		8 40
Auriscalpium.	19 45	TUBER.		
Subsquamosus.	18 45	Cibarium.		105 104
TREMELLA.		TUBIPORUS.		
Chrysocoma.	7 39	Cepa.		32 53
Glandulosa.	8 40	Livido-rubricosus.		32 53
Mesenterica.	7 39			

TABLE

DES

NOMS FRANÇAIS ET DES NOMS VULGAIRES

DES CHAMPIGNONS

NOTA. J'y ai introduit beaucoup de noms vulgaires qui ne sont pas dans le texte. Le numéro indique à quelle espèce ils appartiennent.

EXPLICATION DES PLANCHES.

PLANCHE I.

Fig. 1. *Helvella mitra* variété noire. ½ nature, c'est-à-dire réduite à moitié de sa taille naturelle.
  a le champignon adulte.
  b sa coupe, c'est-à-dire surface qu'il montre quand on l'a coupé en deux.
  c les theca, grossis au microscope.
  d les sporules sortis des theca.

Fig. 2. *Helvella leucophœa.* ½ nature.
  a le champignon adulte.
  b sa coupe montrant les cellules du pédicule.
  c les theca grossis.
  d les sporules grossis.

Fig. 3. *Helvella elastica* Var. Brune. ½ nature.
  a le champignon adulte.
  b la coupe du haut de son pédicule.
  c les theca grossis.

Fig. 4. *Peziza acetabulum.* ½ nature.
  a le champignon adulte.
  b Sa coupe verticale.
  c Ses theca grossis.

Fig. 5. *Peziza coccinea.* ½ nature.
  a le champignon développé presque convexe.
  b un jeune individu s'ouvrant en coupe.
  c les theca grossis.

Fig. 6. *Peziza cochleata* variété brune. ½ nature.

Fig. 7. *Tremella mesenterica.* ½ nature.
  a le champignon vu en-dessus.
  b les sporules grossis.

Fig. 8. *Tremella glandulosa.* ½ nature.

a un jeune individu naissant d'une vieille écorce d'arbre.

b le champignon adulte couvert de papilles.

c les sporules grossis.

Fig   9. *Clavaria pistillaris.* ½ nature.

a le champignon entier.

b le même coupé et montrant en haut la cavité dont il se creuse par l'âge.

c les sporules grossis.

Fig.   10. *Clavaria alba.* ½ nature.

a une touffe de tiges ramifiées.

b sporules grossis.

Fig.   11. *Clavaria flava.* ½ nature.

Une seule souche émettant de nombreuses branches ramifiées.

Fig.   12. *Clavaria cinerea.* ½ nature.

La souche, très-volumineuse, donne naissance à beaucoup de rameaux divisés et applatis.

Fig.   13. *Clavaria amethystea.* ½ nature.

a un rameau de la variété noirâtre.

b un rameau de la variété violette.

c un rameau de la variété rose.

PLANCHE II.

Fig.   14. *Hericium ramosum.* ¼ de nature.

Fig.   15. *Hericium caput medusœ.* ¼ de nature.

Fig.   16. *Hericium erinaceum.* ¼ de nature.

a le champignon vu de côté.

b un aiguillon détaché.

c sporules grossis.

Fig.   17. *Hydnum repandum.* ⅓ de nature.

a le champignon adulte.

b le même coupé.

c trois dents grossies et adhérentes à une portion de chair.

d sporules grossis.

Fig. 18. *Hydnum subsquamosum.* ⅓ de nature.

    a le champignon adulte.

    b coupe du même.

    c deux dents de grandeur naturelle et adhérentes à une portion de chair.

    d sporules grossis.

Fig. 19. *Hydnum auriscalpium.* ⅓ de nature.

    a champignons vus sous trois aspects différens.

    b coupe de l'un d'eux.

    c sporules grossis.

Fig. 20. *Hypodrys hepaticus.* ¼ de nature.

    a le champignon vu par sa face supérieure.

    b le même coupé par la moitié et portant sur son pédicule un individu naissant.

    c tubes libres détachés de la chair.

    d sporules grossis.

Fig. 21. *Polyporus juglandis.* ¼ de nature.

    a le champignon vu de côté.

    b le même vu par sa face supérieure.

    c vue d'une portion de sa coupe.

    d sporules grossis.

Fig. 22. *Polyporus dissectus.* ¼ de nature.

    a vue d'une partie de sa face non poreuse.

    b une touffe de quatre champignons vus par leur surface poreuse.

    d coupe d'un chapeau.

Fig. 23. *Polyporus giganteus.* ¼ de nature.

    a touffe de six champignons.

    b coupe de l'un d'eux.

PLANCHE III.

Fig. 24. *Boletus subtomentosus.* ⅓ de nature.

    a le champignon adulte.

    b sa coupe verticale.

Fig. 25. *Boletus lividus.* ⅓ de nature.

    a champignon adulte.

b sa coupe verdissant.

Fig. 26. *Boletus piperatus.* ⅓ de nature.

a champignon adulte.

b sa coupe.

c sporules grossis.

Fig. 27. *Boletus cyanescens.* ⅓ de nature.

a, b, c variété à tubes blancs.

a champignon développé.

b jeune individu dont le chapeau s'ouvre.

c coupe verticale de l'adulte.

d variété à tubes jaunes.

e sa coupe.

Fig. 28. *Boletus castaneus.* ⅓ de nature.

a un individu développé.

b un jeune champignon ayant les tubes blancs.

c coupe du premier.

Fig. 29. *Boletus felleus.* ⅓ de nature.

a le champignon dans son état adulte.

b sa coupe une portion des tubes ayant été dé-
tachée de la chair.

c un jeune âge.

Fig. 3o. *Boletus edulis.* ⅓ de nature.

a variété fauve à tubes jaunes.

b son pédicule tubéreux réticulé.

c sa coupe montrant les tubes écartés de la
chair.

d quatre tubes dont deux sont coupés par la
moitié.

e variété chamois.

f sa coupe.

PLANCHE IV.

Fig. 31. *Boletus œreus.* ⅓ de nature.

a variété passant au *tuberosus.*

b sa coupe montrant ses tubes courts.

c la véritable espèce.

d sa coupe verticale.

Fig. 32. *Boletus luridus.* 1/3 de nature.

    a le champignon adulte.

    b sa coupe passant au noir.

Fig. 32 bis. *Boletus tuberosus.* 1/3 de nature.

    a variété à pédicule et tubes rouges, offrant à la base du pédicule deux individus naissants.

    b sa coupe changeant peu de couleur.

    c variété à pédicule et tubes jaunes.

    d sa coupe légèrement changeante.

Fig. 33. *Boletus scaber.* 1/3 de nature.

    a le champignon développé.

    b sa coupe.

    c sporules ellipsoïdes grossis.

Fig. 34. *Boletus aurantiacus.* 1/3 de nature.

    a le champignon adulte.

    b sa coupe.

    c sporules ellipsoïdes grossis.

Fig. 35. *Merulius cantharellus.* 1/3 de nature.

    a le champignon dans son plus grand développement.

    b un individu plus jeune vu de côté.

    c coupe verticale du premier.

    d sporules grossis.

PLANCHE V.

Fig. 36. *Agaricus vaginatus* variété *plumbeus.* 1/3 de nature.

    a le champignon adulte.

    b la coupe de son chapeau, de son pédicule et de sa volva. On voit une petite lamelle sur une grande.

Fig. 37. *Agaricus niveus.* 1/3 de nature.

Fig. 38. *Agaricus aurantiacus.* 1/3 de nature.

    a le champignon développé.

    b coupe de sa chair, d'une partie de son pédicule et de son collet. Une petite lamelle cache une portion de la grande.

Fig. 39. *Agaricus ovoideus.* ⅓ de nature.

    a un individu adulte.

    b coupe de son chapeau et de son collet ; on y aperçoit des lamelles de 3 longueurs.

Fig. 40. *Agaricus vernus.* ⅓ de nature.

    a le champignon développé.

    b coupe de son chapeau, de son pédicule, de sa volva. Les lamelles sont inégales.

Fig. 41. *Agaricus bulbosus.* ⅓ de nature.

    a le champignon adulte.

    b coupe de son chapeau, de son pédicule, de sa volva. Lamelles du précédent.

    c un jeune individu déchirant sa volva.

Fig. 42. *Agaricus muscarius,* ⅓ de nature.

    a le champignon développé.

    b coupe verticale du chapeau.

Fig. 43. *Agaricus verrucosus.* ⅓ de nature.

    a individu âgé, de la variété rouge.

    b sa coupe.

Fig. 44. *Agaricus crux melitensis.*

PLANCHE VI.

Fig. 45. *Agaricus solitarius.* ⅓ de nature.

    a le champignon développé.

    b la coupe de son chapeau, de son collet.

Fig. 46. *Agaricus stypticus.* ⅓ de nature.

    a souche d'arbre portant des champignons à tous les âges et sous divers aspects.

    b un champignon coupé.

Fig. 47. *Agaricus dimidiatus.* ⅓ de nature.

    a le champignon vu par sa face inférieure.

    b sa coupe présentant les quatre grandeurs de lamelles.

Fig. 48. *Agaricus pectinaceus.* ⅓ de nature.

    a le champignon adulte.

9

b sa coupe. Il n'y a pas de petites lamelles.

Fig. 49. *Agaricus emeticus.* ⅓ de nature.

    a l'individu développé.

    b sa coupe avec une lamelle comme elles sont toutes.

Fig. 50. *Agaricus ruber.* ⅓ de nature.

    a le champignon adulte.

    b sa coupe. Toutes les lamelles sont grandes.

    c fragment du chapeau vu en dessous pour montrer les feuillets trifides.

Fig. 51. *Agaricus piperatus.* ⅓ de nature.

    a individu du moyen âge.

    b sa coupe. On y voit une petite lamelle, mais elles sont rares, presque toutes vont jusqu'au pédicule.

Fig. 52. *Agaricus furcatus.* ⅓ de nature.

    a un individu âgé et vert.

    b sa coupe.

    c le champignon jeune et bleuâtre.

    d portion du chapeau du premier, vue en dessous pour montrer les feuillets bifides.

PLANCHE VII.

Fig. 53. *Agaricus dycmogalus.* ⅓ de nature.

    a le champignon adulte.

    b sa coupe, offrant des gouttelettes de suc, et trois grandeurs de lamelles.

    c sporules grossis.

Fig. 54. *Agaricus acris.* ⅓ de nature.

    a le champignon développé.

    b sa coupe avec des gouttelettes de suc.

    c sporules grossis.

Fig. 55. *Agaricus plumbeus.* ⅓ de nature.

    a un individu de grande taille.

    b coupe présentant le suc en gouttes, et des lamelles de trois longueurs.

c sporules grossis.

Fig. 56. *Agaricus pyrogalus.* ⅓ de nature.

 a le champignon développé.

 b la coupe de son chapeau.

 c un jeune âge.

Fig. 57. *Agaricus subdulcis.* ⅓ de nature.

 a un individu adulte.

 b la coupe de son chapeau.

 c sporules grossis.

Fig. 58. *Agaricus controversus.* ⅓ de nature.

 a le champignon adulte.

 b la coupe de son chapeau, avec les gouttelettes de son suc et ses lamelles inégales.

 c les sporules grossis.

Fig. 59. *Agaricus torminosus.* ⅓ de nature.

 a un individu vieux.

 b sa coupe présentant la cavité du pédicule.

 c les sporules grossis.

Fig. 60. *Agaricus scrobiculatus.* ⅓ de nature.

 a le champignon développé.

 b sa coupe offrant la cavité du pédicule.

 c un jeune âge adhérant à la base de ce pédicule.

Fig. 61. *Agaricus necator.* ⅓ de nature.

 a un individu vieux, irrégulier très-concave.

 b le champignon plus jeune et régulier.

 c sa coupe avec le suc et les lamelles inégales.

Fig. 62. *Agaricus theiogalus.* ⅓ de nature.

 a le champignon adulte.

 b sa coupe.

 c les sporules grossis.

Fig. 63. *Agaricus deliciosus* ⅓ de nature.

 a le champignon adulte.

 b sa coupe.

PLANCHE VIII.

Fig. 64. *Agaricus campestris.* ⅓ de nature.

 a variété dite *Boule de neige.*

b sa coupe.

c un jeune champignon.

d la coupe de son chapeau présentant les lamelles encore roses et le collet qui les protége allant du pédicule au bord du chapeau.

e variété dite *champignon de couches*.

f sa coupe.

g ses sporules grossis.

Fig. 65. *Agaricus amarus.* ⅓ de nature.

    a champignons développés.

    b jeune individu vu en dessous et montrant la membrane qui s'est séparée du pédicule en restant au bord du chapeau.

    c coupe d'un grand champignon.

    d sporules grossis.

Fig. 66. *Agaricus fascicularis.* ⅓ de nature.

    a individus adultes.

    b jeune âge.

    c un autre vu en dessous avec la membrane protectrice des lamelles.

    d coupe verticale d'un grand.

    e sporules grossis.

Fig. 67. *Agaricus aureus.* ⅓ de nature.

    a champignons développés.

    b l'un d'eux vu en dessous ; la membrane qui doit former collet commence à se déchirer.

    c pédicule coupé.

    d coupe d'un énorme champignon.

    e sporules grossis.

Fig. 68. *Agaricus castaneus.* ⅓ de nature.

    a un individu de moyen âge.

    b un autre naissant.

    c un troisième très-vieux.

    d coupe du premier.

Fig. 69. *Agaricus violaceus.* ⅓ de nature.

    a les champignons très-développés, offrant à

peine des traces de cortine.

b un plus jeune, la cortine se détache du chapeau.

c coupe verticale d'un adulte.

d un individu croissant isolé, et déchirant sa
cortine.

e sporules grossis.

Fig. 70. *Agaricus polymyces*. ⅓ de nature.

a individus adultes.

b coupe de l'un d'eux.

c un champignon plus jeune, le collier adhère
encore au chapeau.

d un autre naissant.

e sporules grossis.

PLANCHE IX.

Fig. 71. *Agaricus colubrinus*. ⅓ de nature.

a le champignon adulte.

b coupe de son chapeau, de son pédicule, de
son collier. On voit la singulière insertion des
grandes lamelles.

c sporules grossis.

d un individu jeune qui commence à déchirer
son épiderme.

Fig. 72. *Agaricus clypeolarius*. ⅓ de nature.

a un individu déjà un peu vieux, crevassé.

b sa coupe.

c les sporules grossis.

d un jeune âge qui présente les restes de collet.

Fig. 73. *Agaricus infundibuliformis*. ⅓ de nature.

a le champignon développé.

b sa coupe.

c ses sporules grossis.

Fig. 74. *Agaricus contiguus* ⅓ de nature.

a un adulte.

b sa coupe.

c ses sporules.

Fig. 75. *Agaricus nebularis.* ⅓ de nature.

    a un champignon adulte.

    b un autre plus jeune.

    c un troisième naissant.

    d coupe du premier,

    e ses sporules grossis.

Fig. 76. *Agaricus eryngii.* ⅓ de nature.

    une touffe placée sur une portion de racine de *panicaut* présente des champignons à divers degrés de développement.

Fig. 77. *Agaricus eburneus.* ⅓ de nature.

    a le champignon adulte.

    b coupe de son chapeau et de son pédicule.

    c sporules grossis.

    d un jeune individu.

Fig. 78. *Agaricus virgineus.* ⅓ de nature.

    a un champignon développé vu de côté.

    b un autre vu un peu en dessous.

    c sa coupe.

    d ses sporules grossis.

Fig. 79. *Agaricus pratensis.* ⅓ de nature.

    a un adulte vu un peu en dessus.

    b un autre vu un peu en dessous.

    c coupe de son chapeau.

    d sporules grossis.

Fig. 80. *Agaricus prunulus.* ⅓ de nature.

    a un individu naissant.

    b un autre plus développé.

    c un troisième adulte.

Fig. 81. *Agaricus orcellus.* ⅓ de nature

    a un champignon à pédicule central et vertical.

    b deux autres à pédicules excentriques et horisontaux.

Fig. 82. *Agaricus gymnopodius.* ⅓ de nature.

    a un champignon âgé.

b un autre adulte, de la même touffe.

c coupe du premier.

d sporules grossis.

e pédicules coupés.

PLANCHE X.

Fig. 83. *Agaricus ulmarius.* ⅓ de nature.

a touffe de champignons adultes et imbriqués.

b un jeune individu solitaire à pédicule central.

c une coupe, le pédicule est déjà excentrique.

d sporules grossis.

Fig. 84. *Agaricus tesselatus.* ⅓ de nature.

a le champignon vu un peu en dessus.

b sa coupe.

Fig. 85. *Agaricus adustus.* ⅓ de nature.

a un individu adulte.

b la coupe de son chapeau.

c section d'une partie de chair et de trois lames en travers, afin de montrer leur grande épaisseur.

d les sporules grossis.

Fig. 86. *Agaricus anisatus.* ⅓ de nature.

a un champignon incomplètement développé.

b un autre adulte.

c deux jeunes individus.

d coupe du second.

e sporules grossis.

Fig. 87. *Agaricus œneus.* ⅓ de nature.

a le champignon adulte.

b sa coupe.

c ses sporules.

Fig. 88. *Agaricus cryptarum.*

a partie d'une touffe présentant des champignons à toutes les époques de développement. ⅓ de nature.

b coupe d'un chapeau recouvert de sa peau tuberculeuse. ⅔ nature.

c sporules grossis.

Fig. 89. *Agaricus sulphureus.* ⅓ de nature.

   a un adulte vu un peu en dessus.

   b un autre vu un peu en dessous.

   c coupe du chapeau.

   d sporules grossis.

Fig. 90. *Agaricus leucocephalus.* ⅓ de nature.

   a un champignon vu un peu en dessous.

   b le même vu par dessus.

   c coupe d'un autre chapeau.

   d sporules grossis.

Fig. 91. *Agaricus columbetta.* ⅓ de nature.

PLANCHE XI.

Fig. 92. *Agaricus fusipes.* ⅓ de nature.

   a un champignon âgé.

   b un autre adulte de la même touffe.

   c coupe d'un troisième. Le pédicule offre dans son intérieur un faisceau de fibres tortillées.

   d pédicules coupés.

   e sporules grossis.

Fig. 93. *Agaricus rimosus.* ⅓ de nature.

   a champignon développé.

   b individu jeune commençant à s'épanouir.

   c coupe de la chair et du pédicule du premier.

Fig. 94. *Agaricus urens.* ⅓ de nature.

   a un individu adulte vu un peu en dessus.

   b autre adulte vu en dessous.

   c jeune âge.

   d variété concave.

   e coupe d'un individu convexe.

Fig. 95. *Agaricus fusiformis.* ⅓ de nature.

   a touffe de champignons à différens âges.

   b coupe d'un chapeau.

   c sporules grossis.

Fig. 96. *Agaricus coccineus.* ⅓ de nature.

a le champignon développé.

b sa coupe.

c les sporules grossis.

Fig. 97. *Agaricus fastibilis.* ⅓ de nature.

    a le champignon adulte.

    b la coupe de son chapeau, les lamelles offrant des gouttelettes noires qu'elles distillent.

    c sporules grossis.

Fig. 98. *Agaricus cartilagineus.* ⅓ de nature.

    a un individu vu de côté.

    b un autre vu un peu en dessous.

    c coupe du chapeau.

    d sporules grossis.

Fig. 99. *Agaricus nudus.* ⅓ de nature.

    a un champignon adulte.

    b un autre jeune.

    c un troisième naissant.

    d coupe du premier.

    e sporules grossis.

Fig. 100. *Agaricus oreades.* ⅓ de nature.

    a le champignon développé, plane.

    b individus encore en cloche.

    c coupe montrant la moëlle du pédicule, qui se continue avec la chair du chapeau.

    d sporules grossis.

Fig. 101. *Agaricus murinaceus.* ⅓ de nature.

Fig. 102. *Agaricus plicatus.* ⅓ de nature.

    a champignon naissant.

    b un autre adulte.

    c sa coupe.

    d sporules noirs grossis.

    e portion du chapeau vue en dessous.

Fig. 103. *Agaricus typhoides.* ⅓ de nature.

    a le champignon développé.

    b le même tombant en déliquium.

c coupe verticale de son chapeau, de son pédicule.

d portion de lamelles disséquée, de manière à
montrer qu'elles ne sont formées toutes, que
par une seule membrane repliée.

Fig. 104. *Morchella esculenta.* ⅓ de nature.

a individu naissant.

b adulte de la variété blanche.

c la coupe du pédicule et de son renflement formant le chapeau.

d ses théca grossis.

e les sporules sortis des theca et grossis.

PLANCHE XII.

Fig. 105. *Tuber cibarium.* ⅓ de nature.

a truffe jeune.

b sa coupe.

c la même brune seulement au dehors. (truffe
d'été.)

d sa coupe.

e truffe mûre. (truffe du Périgord.)

f sa coupe.

g theca sphéroïdes, renfermant 1 à 5 sporules et
mêlés à des débris du parenchyme de la truffe.

Fig. 106. *Lycoperdon giganteum.*

a le champignon prêt à s'ouvrir.

b sa coupe.

c sporules mêlés aux filamens auxquels ils adhèrent.

Fig. 107. *Lycoperdon cœlatum.* ⅓ de nature.

a le champignon ouvert.

b sa coupe.

c sporules mêlés à leurs filamens.

De nombreuses additions survenues pendant l'impres-
sion de cet ouvrage m'ont forcé, pour éviter une table de

corrections, de laisser ici, dans le numérotage des figures, une lacune qu'on me pardonnera.

Toutes les figures suivantes servent, dans les principes de botanique de cet ouvrage, à donner des exemples.

FIN.

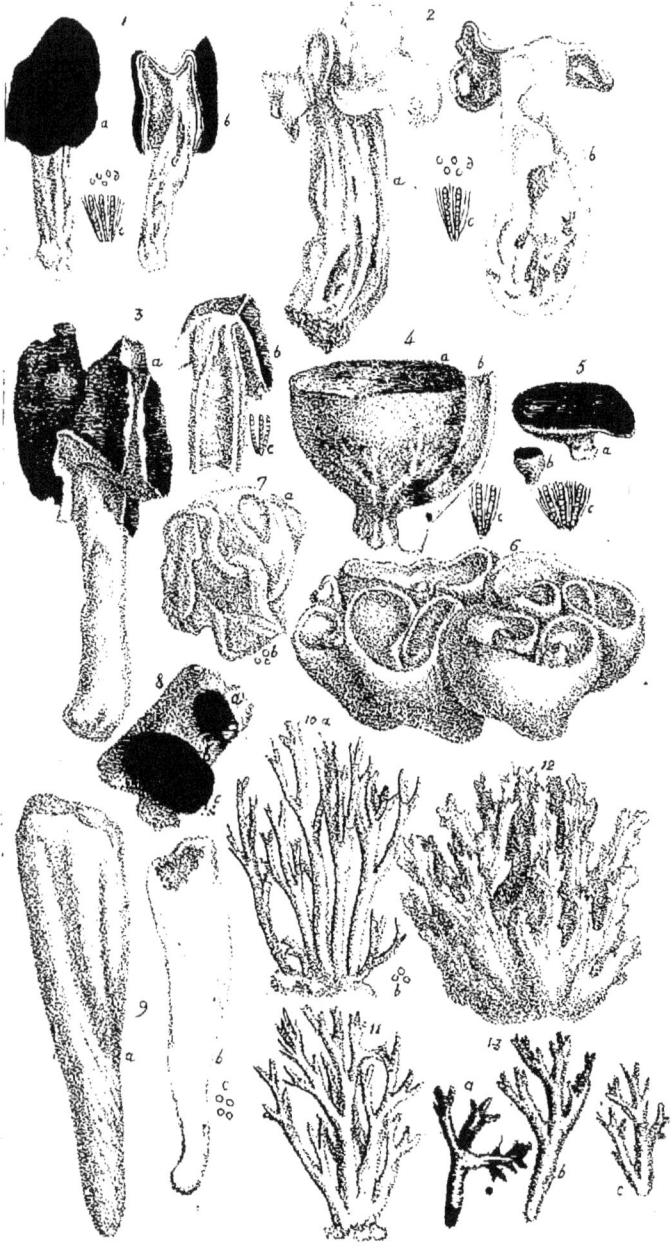

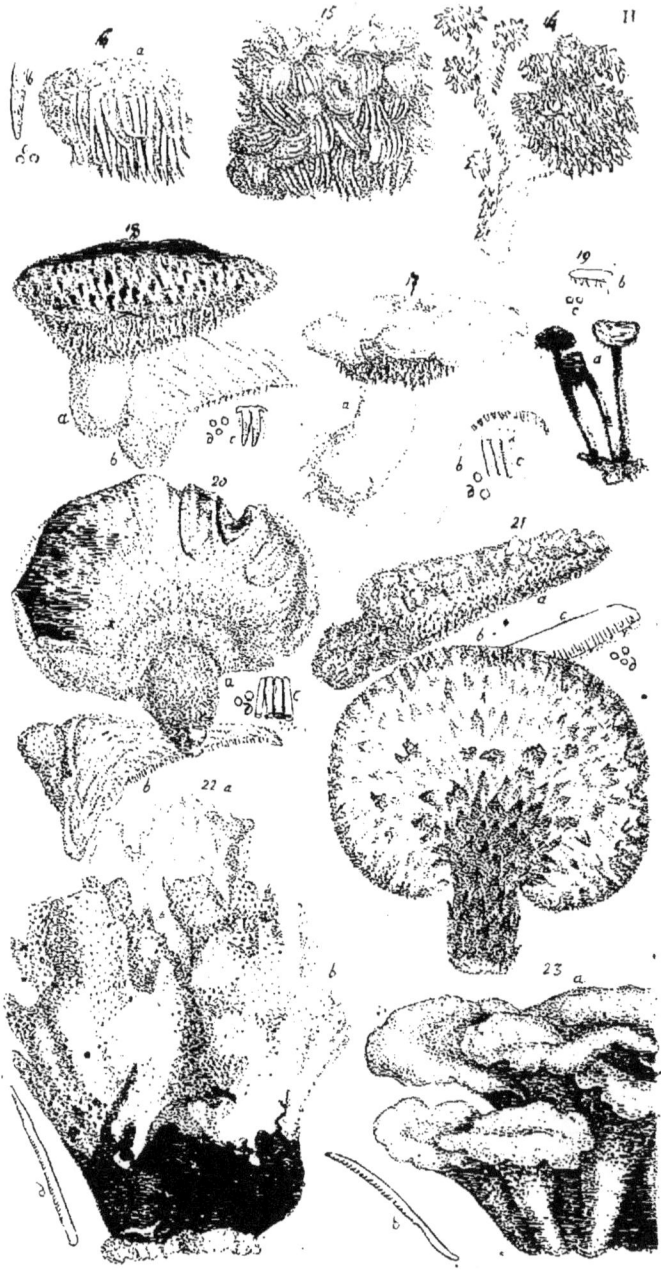

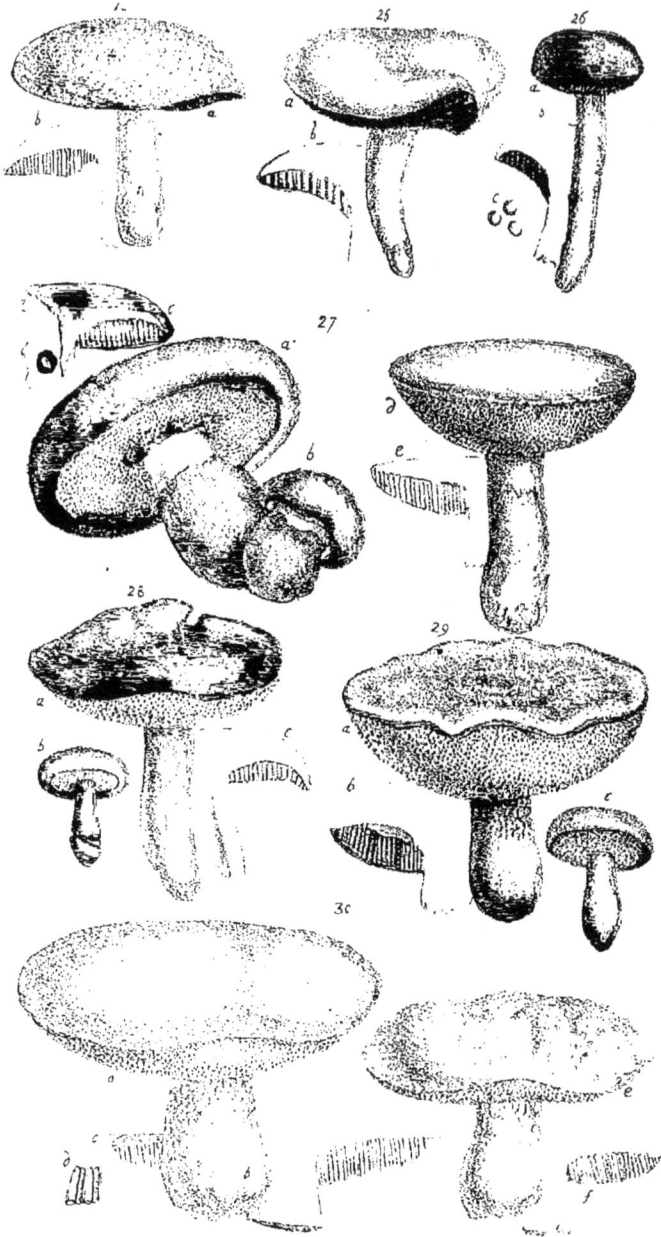

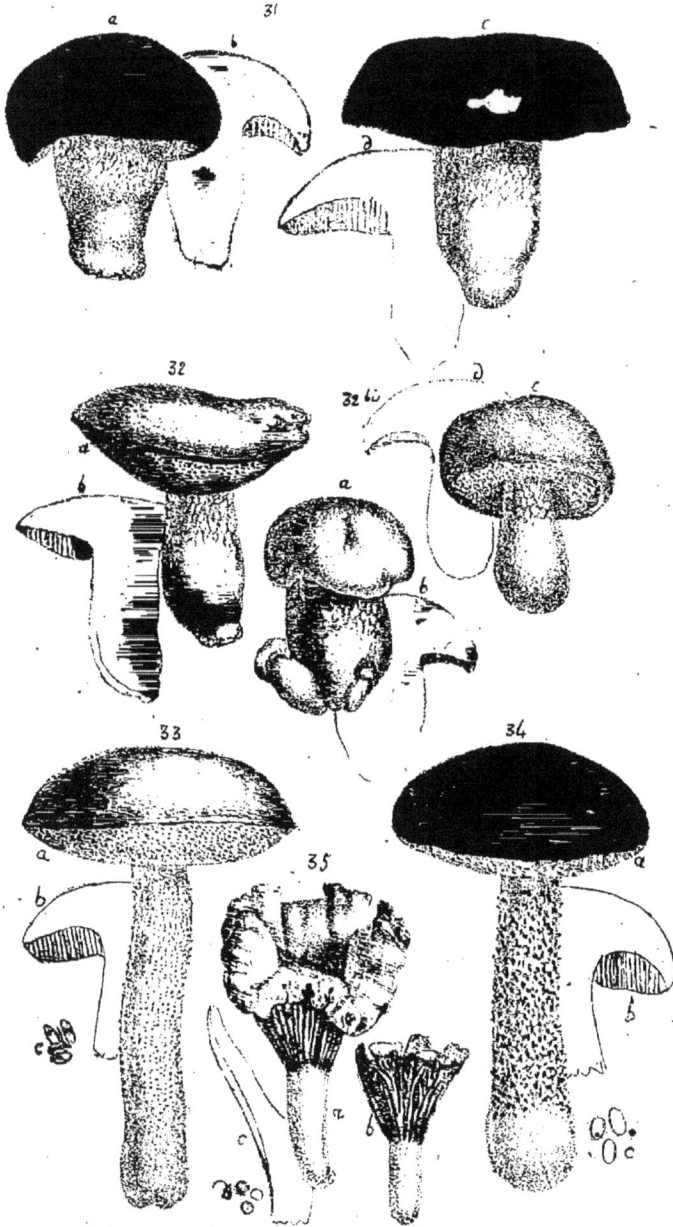

IV

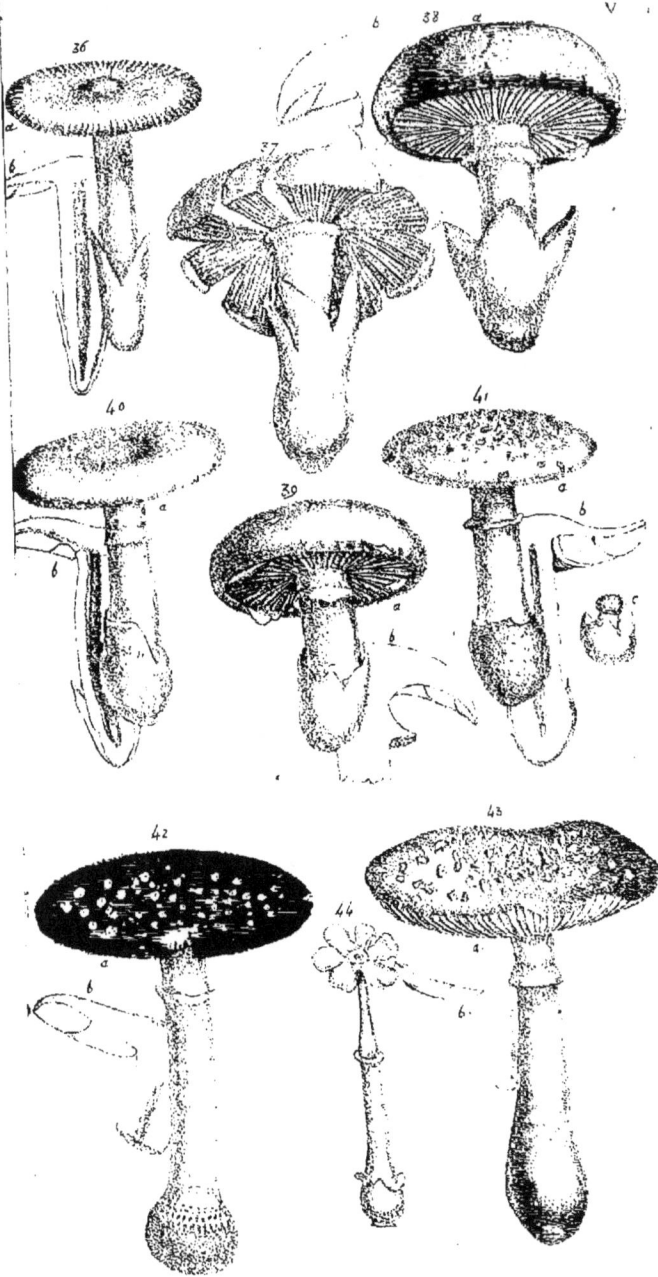

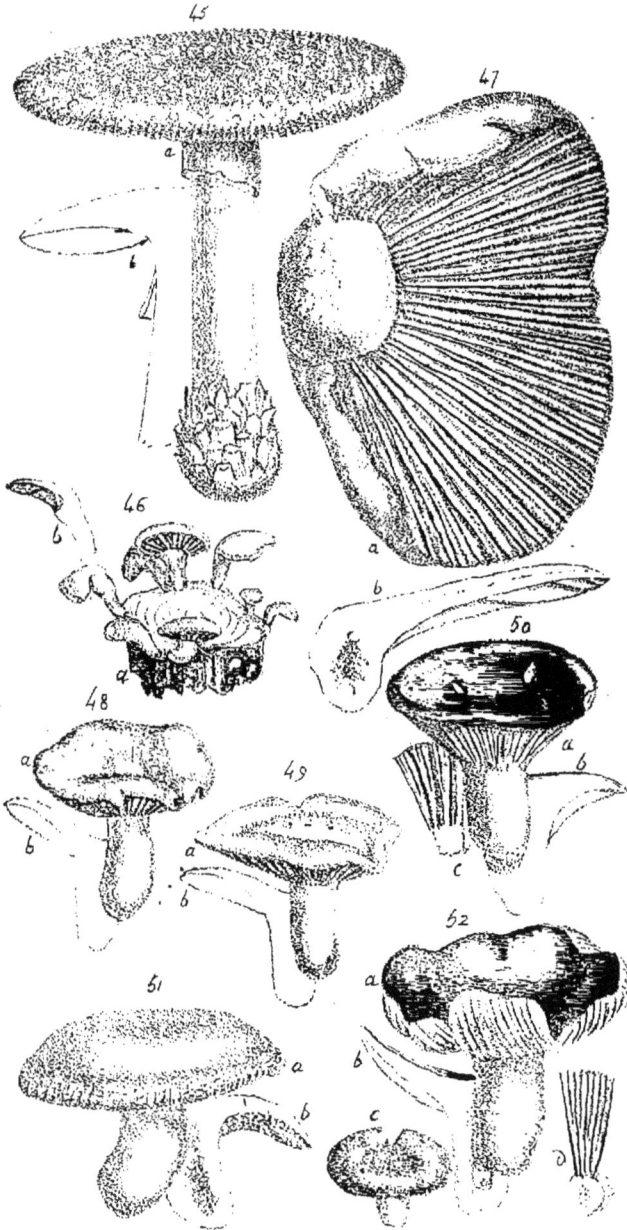

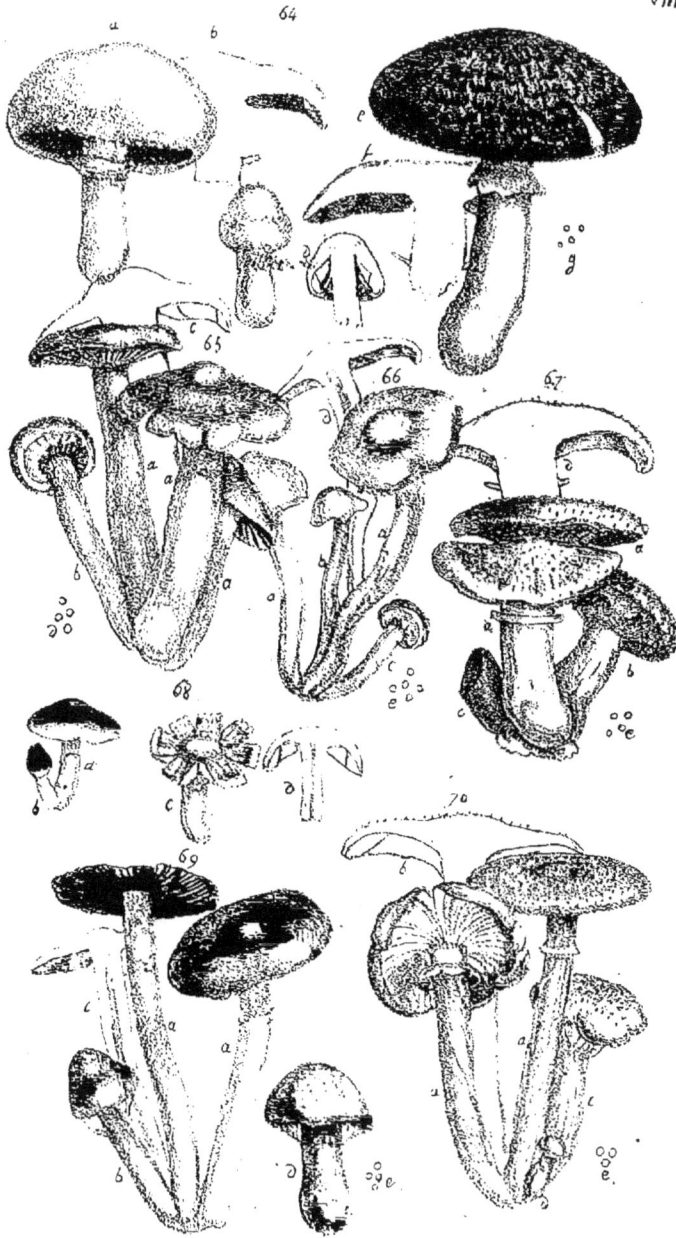

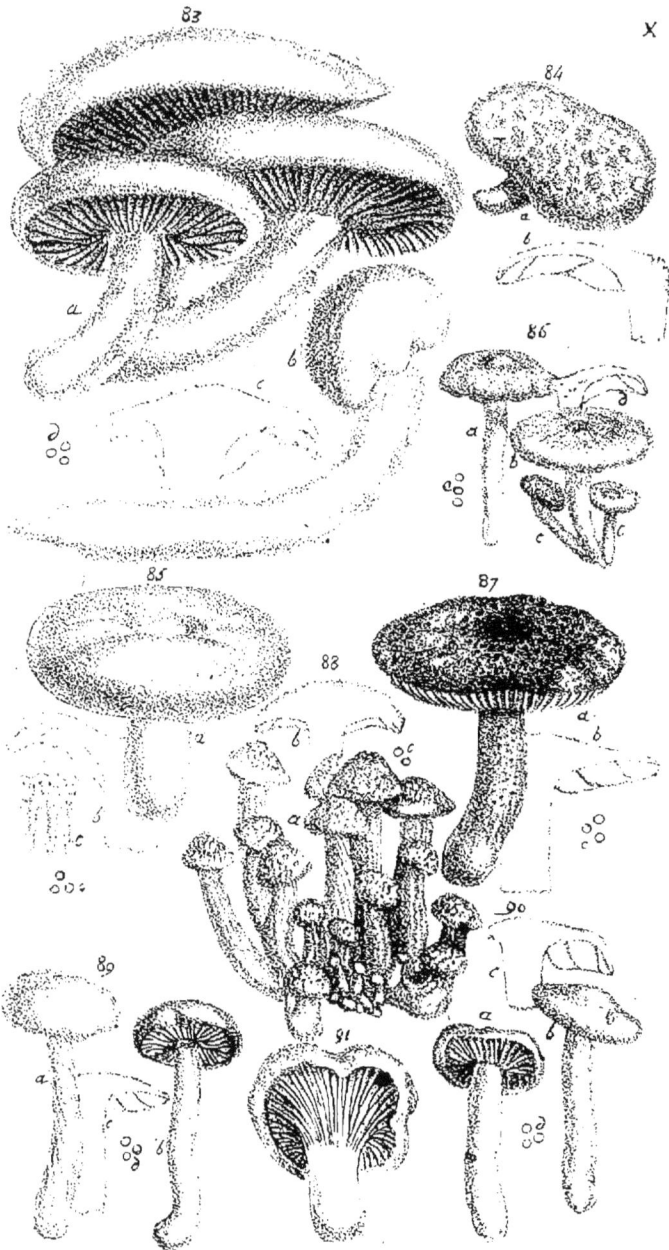

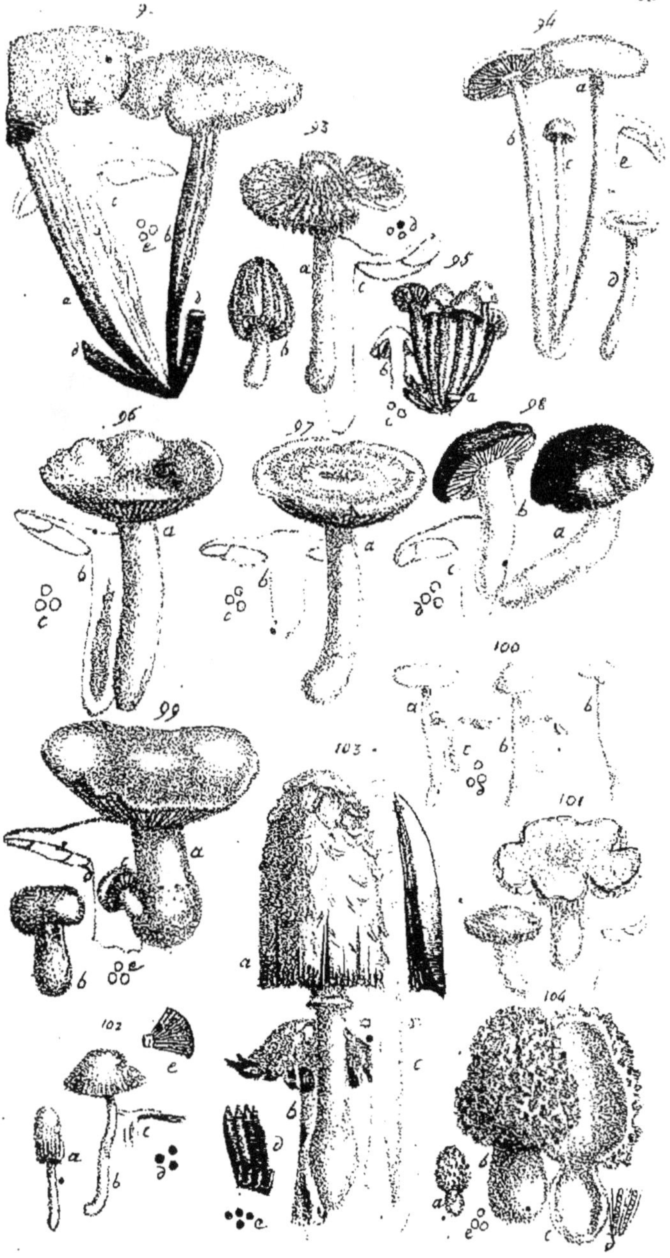
92
93
94
95
96
97
98
99
100
101
102
103
104

XII

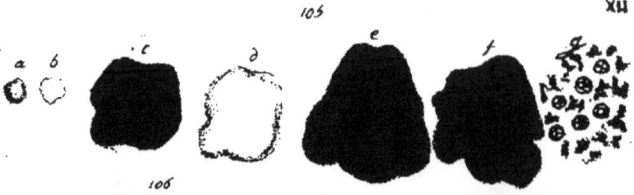

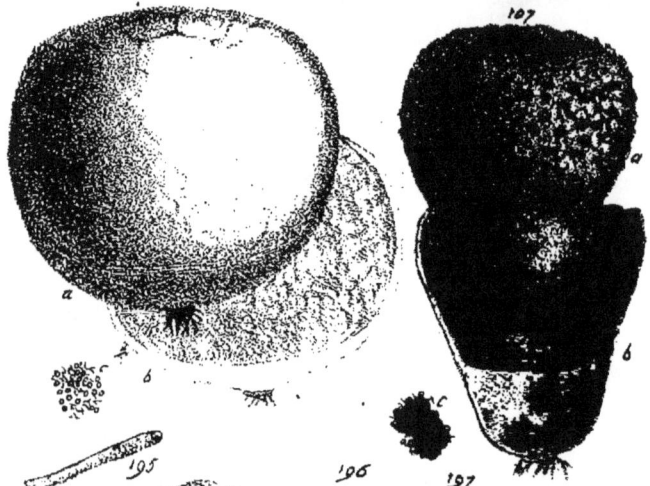

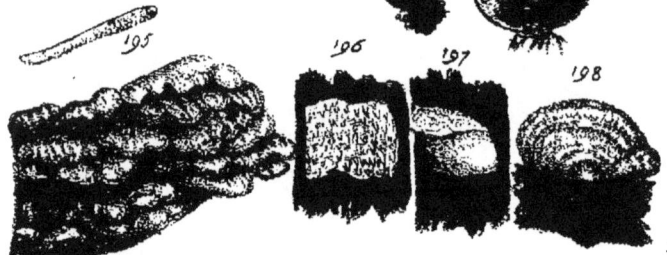

www.ingramcontent.com/pod-product-compliance
Lightning Source LLC
Chambersburg PA
CBHW060609210326
41519CB00014B/3606